FORSCHUNGSBERICHT DES LANDES NORDRHEIN-WESTFALEN

Nr. 2623/Fachgruppe Maschinenbau/Verfahrenstechnik

Herausgegeben im Auftrage des Ministerpräsidenten Heinz Kühn
vom Minister für Wissenschaft und Forschung Johannes Rau

Prof. Dr.-Ing. Hans Krause
Dipl.-Ing. Hans-Helmut Jühe
Lehrgebiet: Abnutzung der Werkstoffe
der Rhein.-Westf. Techn. Hochschule Aachen

Untersuchungen des Gefügeeinflusses
auf die Größe der
röntgenographischen Elastizitätskonstanten

WESTDEUTSCHER VERLAG 1977

© 1977 by Westdeutscher Verlag GmbH   Opladen
Gesamtherstellung: Westdeutscher Verlag
ISBN 978-3-531-02623-7   ISBN 978-3-322-87653-9 (eBook)
DOI 10.1007/978-3-322-87653-9

Inhalt

		Seite
1.	Einleitung	3
2.	Das röntgenographische Spannungsmeßverfahren	4
2.1.	Grundlagen	4
2.2.	Röntgenographische Elastizitätskonstanten (REK)	6
3.	Meßplatz für die röntgenographische Spannungsmessung	7
3.1.	ψ-Goniometer	7
3.2.	Zugvorrichtung	8
3.3.	Biegevorrichtung	9
4.	Eisenbahnradreifen	10
4.1.	Gefügeuntersuchungen an Radreifen	10
4.2.	Eigenspannungsmessungen an Radreifen	11
5.	Wälzprüfstandsversuche	11
5.1.	Temperaturmessungen	12
5.2.	Eigenspannungsmessungen	13
5.3.	Zusammenfassung der Untersuchungen an Radreifen und Rollen des Wälzprüfstandes	15
6.	Gefügeeinfluß auf die Größe der Elastizitätskonstanten	15
6.1.	Einfluß der Wärmebehandlung - Korngröße	15
6.1.1.	Probenherstellung	15
6.1.2.	Ergebnisse für die Ebene (211)-α-Fe	17
6.1.3.	Ergebnisse für die Ebene (310)-α-Fe	18
6.1.4.	Diskussion der Meßergebnisse	18
6.2.	Einfluß einer plastischen Verformung	19
6.2.1.	Auswirkungen einer Verformung auf die mechanischen Konstanten	19
6.2.2.	Einfluß einer geringen plastischen Verformung auf die REK	21
6.3.	REK einer Radreifenoberfläche	22
6.3.1.	Messungen an der Ebene (211)-α-Fe	22
6.3.2.	Messungen an der Ebene (310)-α-Fe	23
7.	Zusammenfassung und Ausblick	24
8.	Schrifttum	26
9.	Anhang	29

1. Einleitung

In dem Reibungssystem Rad-Schiene übernimmt der Radreifen die Übertragung von Brems- und Beschleunigungskräften sowie der Führungskräfte. Dabei sind Laufsicherheit und Laufkomfort bei wirtschaftlichem Verschleißverhalten die an Radreifen gestellten Hauptforderungen.
Die Qualität eines Radreifens wird bei festgelegten, fahrzeugbedingten Einflüssen, wie Konstruktion des Radsatzes, dynamisches Verhalten usw., bestimmt durch das zum Einsatz gelangende Profil und den verwendeten Werkstoff.

In Großversuchen der DB wurden unterschiedliche Radreifenprofile getestet, um das Auftreten von örtlich hohem Verschleiß zu vermeiden und einen geringen, gleichmäßigen Abrieb über dem Profil zu erhalten. Ungleichmäßiger Verschleiß bewirkt eine Abweichung von der vorgegebenen Geometrie, was zu erheblichen Verschlechterungen der Laufeigenschaften führt. Eine Umrißkorrektur, unter Umständen nach einer Auftragsschweißung, in einem Ausbesserungswerk ist daher erforderlich.

Parallel zu den Entwicklungen der Radreifengeometrie wurden neue Werkstoffe erprobt (1). Aus Kostengründen gelangen unvergütete, unlegierte Kohlenstoffstähle zum Einsatz. Tabelle 1 zeigt die Zusammensetzung und die mechanischen Kennwerte der von der DB verwendeten Stähle.

Stahlsorte	chemische Zusammensetzung %								Zugfestigkeit N/mm^2
	C	Si	Mn	P	S	Cr	Ni	Cu	
M 80	0,67	0,36	0,69	0,021	0,29				800-940
Ni	0,34	0,25	0,40	0,035	0,035	0,60	1,40		730-880
BV 2		0,50	1,20	0,05	0,05	0,30	0,30	0,30	700-800
F	0,42	0,25	0,87	0,016		0,10	0,05	0,12	690-770
BV 1		0,50	1,20	0,05	0,05	0,30	0,30	0,30	600-700

Tabelle 1: Radreifenwerkstoffe (1)

In neuerer Zeit wird die Lebensdauer der Radreifen nicht mehr durch die verschleißbedingten Profilabweichungen bestimmt, sondern durch die betriebsbedingten Laufflächenschäden (2). Dazu zählen Hitzerisse aufgrund von Wärmespannungen bei klotzgebremsten Fahrzeugen oder bei blockierenden Achsen, lokale Reibmartensitbildung, Ausbröckelungen aufgrund dieser Schädigungen, Abblätterungen durch mechanische Überbeanspruchung, Flachstellen durch örtlichen Materialabtrag z. B. bei der Fahrt mit einer gebremsten Achse (3).

Übliche Untersuchungen zur Klärung der Schadensursachen waren Gefügeuntersuchungen in Verbindung mit Härtemessungen. In neuerer Zeit finden Eigenspannungen und deren Auswirkungen auf das Werkstoffverhalten verstärkte Beachtung. Besonders die bei den Schnellfahrtuntersuchungen der DB aufgetretenen Schäden werden u. a. auf eine schädliche Wirkung der Eigenspannungen zurückgeführt (1, 4).

Daraus ergibt sich die Aufgabe, den Eigenspannungszustand in den Randschichten von Radreifen zu bestimmen und zu bewerten.

Zur Messung von Eigenspannungen in dünnen Randschichten eignet sich besonders das röntgenographische Verfahren zur Erfassung eines zweiachsigen Spannungszustandes (5, 6). Meßtechnisch sind bei diesem Verfahren Genauigkeiten von 10 N/mm² zu erzielen. Eine besondere Schwierigkeit bei der betragsmäßigen Angabe der Spannungen liegt bei den Umrechnungsfaktoren (röntgenographische Elastizitätskonstanten), mit deren Hilfe ähnlich dem Hook'schen Gesetz den röntgenographisch bestimmten Dehnungen Spannungen zugeordnet werden.
Im Gegensatz zu den makroskopischen Konstanten hängt deren Größe von einer Vielzahl von Faktoren ab; abhängig vom Werkstoffzustand werden Konstanten bestimmt, die ca. 30 % von dem des normalisierten Zustands abweichen können.

Für Eigenspannungsmessungen an Radreifen ergibt sich die Aufgabe, die in den Randschichten auftretenden Gefüge zu bestimmen, die Einflußfaktoren auf die Gefügeausbildung zu erfassen und die röntgenographischen Elastizitätskonstanten der beobachteten Gefüge zu bestimmen.

2. Das röntgenographische Spannungsmeßverfahren

2.1. Grundlagen (7, 8)

Jede röntgenographische Feinstrukturuntersuchung beruht auf dem Prinzip der Beugung von Röntgenstrahlen an den Gitterebenen eines kristallinen Werkstoffs. Treffend wird dieser Vorgang durch Interferenz beschrieben: Trifft ein monochromatischer Röntgenstrahl auf das Atomgitter eines kristallinen Werkstoffs, dann werden Atome der Kristallite zu erzwungenen Schwingungen im Rhythmus der Frequenz der Röntgenstrahlung angeregt und wirken so als neue Schwingungszentren, deren Strahlung unter geeigneten geometrischen Bedingungen interferiert. Die Bedingung zur Interferenzverstärkung ist durch die Bragg'sche Gleichung

$$\lambda = 2d_{(hkl)} \sin\Theta_{(hkl)}$$

bestimmt; hierbei sind λ die Wellenlänge der verwendeten Röntgenstrahlung, d der Netzebenenabstand, Θ der Beugungswinkel und hkl die Millerschen Indizes der Netzebene.

Bild 1 veranschaulicht die Geometrie, die dieser Beziehung zugrunde liegt. Der Netzebenenabstand d bezeichnet den Abstand zweier gleichwertiger Netzebenen, die im Gitter von gleichwertigen Atomen der Elementarzellen aufgespannt werden.

Bei polykristallinen Proben sind im unverspannten Zustand unabhängig von der Lage der Netzebenen in der Probe alle Netzebenenabstände gleich. Elastische Verformungen bewirken Dehnungen der Kristallgitter, die Dehnungen sind lageabhängig.
Bild 2 zeigt einige ausgewählte Netzebenenorientierungen in einer Probe unter einachsigem Zug; hierbei ist ψ der Winkel zwischen Probenoberfläche und Netzebene.

Im Zuge der Weiterentwicklung wurde das Verfahren durch Anwendung des $\sin^2\psi$-Verfahrens, durch Verwendung von Goniometern und durch automatisierte Messung und Meßwertverarbeitung verbessert. Das $\sin^2\psi$-Verfahren in Verbindung mit einer Goniometerbestimmung der Winkellage θ erhöhte die Meßgenauigkeit und damit die allgemeine Anwendbarkeit entscheidend. Beim $\sin^2\psi$-Verfahren wird die in der Grundgleichung der Spannungsmessung sichtbare lineare Abhängigkeit der Dehnung von $\sin^2\psi$ ausgenutzt, also die Beziehung

$$\frac{d_{\varphi\psi} - d_o}{d_o} = \varepsilon_{\varphi\psi} = 1/2\, s_2 \sigma_\varphi \sin^2\psi + s_1 (\sigma_1 + \sigma_2)$$

hierbei sind ε die Dehnung, φ und ψ die Winkel zur Richtungsdefinition der gemessenen Dehnung, s_1 und $s_2/2$ röntgenographische elastische Konstanten (REK) (zugeschnitten für Werkstoff und Meßverfahren), σ_φ die Spannung in gewählter Richtung (Ergebnis) und σ_1 und σ_2 die Hauptspannungen (wegen der geringen Eindringtiefe der Strahlung wird nur ein zweiachsiger Oberflächenspannungszustand vorausgesetzt).

Bild 3 veranschaulicht die Grundgleichung; sie beschreibt folgende Zusammenhänge:

a) Die Dehnungen sind linear von $\sin^2\psi$ abhängig. Der Anstieg der Dehnungsverteilungen ist gegeben durch

$$\frac{\partial \varepsilon_{\varphi\psi}}{\partial \sin^2\psi} = \frac{1}{2} s_2 \sigma_\varphi$$

b) Mit Hilfe der differenzierten Bragg'schen Gleichung werden die elastizitätstheoretischen Werte mit den röntgenographischen verknüpft, und zwar gemäß

$$\theta - \theta_o = -\frac{d - d_o}{d_o} \cot \theta_o$$

mit Θ_o als dem Beugungswinkel der unverspannten Netzebene. Der Ausdruck $(d-d_o)/d_o$ läßt sich als interkristalline Dehnung auffassen, entsprechend dem makroskopischen ε.

c) Die Spannung der für die Messung gewählten Richtung ergibt sich zu

$$\sigma_\varphi = - \frac{\cot \Theta_o}{\frac{1}{2} s_2} m_\varphi$$

hierbei ist m_φ der Anstieg der die Meßpunkte verbindenden Regressionsgeraden gemäß

$$m_\varphi = (\partial \Theta / \partial \sin^2 \psi)_{\varphi = konst.}$$

d) Die elastischen Konstanten können in einem Eichversuch bei bekannter einachsiger Beanspruchung σ_1 ermittelt werden. Für diesen speziellen Fall ($\sigma_2 = 0$, $\varphi = 0$; da die Beanspruchungsrichtung mit der Richtung der einzigen Last zusammenfällt) gilt die vereinfachte Grundgleichung

$$\varepsilon_{\varphi=0, \psi} = \sigma_1 (\frac{1}{2} s_2 \sin^2 \psi + s_1)$$

Die röntgenographischen Elastizitätskonstanten (REK)

$$s_1 = -\nu/E$$

und

$$\frac{1}{2} s_2 = (1 + \nu)/E$$

entsprechen - mit E als dem Elastizitätsmodul und mit ν als der Querkontraktionszahl - im allgemeinen nicht den makroskopisch-mechanischen Werten, da das Messen nur an einer bestimmten Netzebenenschar einer Phase - zum Beispiel der (211)-Linie des α-Fe bei Stählen - geschieht und so nur die Dehnung einer ausgewählten kristallographischen Richtung gemessen und auf die Gesamtprobe übertragen wird.

2.2. Röntgenographische Elastizitätskonstanten (REK)

Für eine Berechnung der REK eines Vielkristalls aus den Werten des Einkristalls sind Annahmen über den Koppelungsmechanismus zwischen den Körnern notwendig:

a) gleiche Deformation der Kristallite (Voigt), starre Koppelung der Kristallite

b) gleicher Spannungszustand aller Kristallite (Reuß), führt zu großen Inhomogenitäten an Korngrenzen

c) kugelförmige anisotrope Kristallite in einer isotropen
   Matrix mit homogener Spannungsverteilung (Kröner)

Die Randbedingungen a, b sind Grenzannahmen, c ist eine
Mittelung, die in z. Z. bester Übereinstimmung mit der Wirklichkeit steht (9).

Aufgrund der Anisotropie des elastischen Verhaltens der
Kristallite sind die Konstanten orientierungsabhängig.
<u>Bild 4</u> zeigt diese Abhängigkeit von dem Orientierungsfaktor für unlegierte Kohlenstoffstähle (9).

Bei der Wahl der REK bei der röntgenographischen Spannungsmessung an Stahl ist zu berücksichtigen, daß unabhängig von
der Ebene mit zunehmendem Kohlenstoffgehalt größere Werte
für $1/2\ s_2$ gelten, <u>Bild 5</u>.

Mit zunehmendem Volumenanteil des Zementits gegenüber dem
Ferrit wirkt sich der kleinere Elastizitätsmodul des Zementits (E_{Fe} = 206 000 N/mm^2, E_{Fe_3C} = 177 000 N/mm^2) immer
mehr aus (10).

Nach einer plastischen Verformung werden an der (220)- und
(211)-Ebene kleinere Werte für $1/2\ s_2$ gemessen, wobei die
größten Änderungen im Bereich kleiner Verformungsgrade auftreten, <u>Bild 6</u>. Die Abnahme ist um so größer, je höher der
Kohlenstoffgehalt ist.

Dies wird durch eine aufgrund der plastischen Verformung
erhöhte Versetzungsdichte zurückgeführt, die die elastische Verformbarkeit des Ferrits behindert (10).

Die Ebene (310) des α-Fe unlegierter Kohlenstoffstähle
ist gegenüber plastischen Verformungen invariant. Dies
wird dadurch erklärt, daß diese Ebene im Gegensatz zur
(211)- bzw. (220)-Ebene keine Gleitebene ist.

Der Vergleich der Ergebnisse verschiedener Autoren zeigt
neben den erwähnten Tendenzen eine starke Streuung der
Zahlenwerte für die röntgenographischen Elastizitätskonstanten bei gleicher Zusammensetzung der Stähle. Als
Ursachen werden Verfälschungen der Meßwerte aufgrund der
Nichtberücksichtigung der Erniedrigung der Oberflächenferrit-Streckgrenze sowie Gefügeeinflüsse durch unterschiedliche Wärmebehandlungen angegeben (11, 12).
Systematische Untersuchungen über den Gefügeeinfluß liegen z. Z. noch nicht vor.

3. Meßplatz für die röntgenographische Spannungsmessung

3.1. ψ-Goniometer

<u>Bild 7</u> zeigt das ψ-Goniometer - konstruiert und hergestellt
am Lehrgebiet: Abnutzung der Werkstoffe - zur Messung von
Last- und Eigenspannungen nach Wolfstieg. Gegenüber der
üblichen Anordnung beim Ω-Goniometer wird die Einstellung
von ψ um die senkrecht zur Θ-Achse liegende ψ-Achse

ausgeführt (13, 14). Das ψ-Goniometer weist eine Reihe von Vorteilen auf:

a) die Meßwerte für $+\psi$ und $-\psi$ sind ohne Korrekturen direkt vergleichbar

b) Spannungsmessungen sind auch im Vorstrahlbereich möglich; die ausgeführte Konstruktion ermöglicht Messungen in einem Bereich von $2\theta = 50 \div 168°$

c) einfache Justierung

d) geringere Auswirkungen der ψ-abhängigen Eindringtiefe der Röntgenstrahlung

Die Justierung der Probe in den Goniometermittelpunkt erfolgt mit Hilfe einer Meßuhr, die in einer Halterung auf die die ψ-Achse definierenden Wellenstümpfe geschraubt wird (Exzentrizitätsfehler). Höhenfehler, bei denen der Primärstrahl nicht symmetrisch zur ψ-Achse liegt, werden nach der Vermessung einer spannungsfreien Pulverprobe durch eine vertikale Verschiebung der Primärstrahlblende korrigiert.

Die ψ-Verstellung wird exakt reproduzierbar von einem Schrittmotor, der seine Startbefehle nach dem Durchlaufen eines vorgegebenen 2θ-Bereiches von zwei Mikroschaltern empfängt, ausgeführt. Die elektronische Steuerung ermöglicht Messungen äquidistant über ψ, z. B. von $\psi = +42 - \psi = -42$ in $6°$-Schritten. Ein Zusatzgerät erlaubt die freie Vorwahl von zehn Winkeln, so daß alle gewünschten Meßserien wie äquidistant über $\sin^2\psi$ oder $\sin2\psi$ durchgeführt werden können.

Der gesamte Meßvorgang läuft automatisch ab. Die Auswertung der Linienlagen erfolgt anhand der aufgezeichneten Intensitätsverteilungen der reflektierten Strahlung graphisch nach der H/3-Methode (15).

3.2. Zugvorrichtung

Für die experimentelle Ermittlung der röntgenographischen elastischen Konstanten ist es notwendig, die zu untersuchenden Proben mit einer definierten Spannung zu belasten. Das Aufbringen der mechanischen Last erfolgt mit einer Zug- oder Biegevorrichtung.

Mit der vorhandenen Zugvorrichtung kann eine festigkeitsmäßig zulässige Kraft von 2000 N aufgebracht werden. Die verwendete Differentialspindel mit Grob- und Feinverstellung ermöglicht bei einem Hub von 0,25 mm pro Umdrehung eine ausreichend feinfühlige Steigerung der Last. Die Probendehnung wird mit Dehnmeßstreifen im homogenen Zugbereich der Flachprobe gemessen (14).

3.3. Biegevorrichtung

Bild 8 zeigt die für das ψ-Goniometer konstruierte Biegevorrichtung. Im Prinzip handelt es sich um einen Biegebalken (Probe) auf zwei Stützen, der an 2 Punkten durch eine Normalkraft belastet wird, so daß in der Mitte der Probe ein konstantes Biegemoment und somit eine konstante Spannung in der Probenoberfläche vorliegt. Die Biegekräfte werden durch Verspannen der Probe zwischen den Stützrollen des äußeren und inneren Rahmens erzeugt. Dazu wird der innere Rahmen mit Hilfe einer Spindel und einem Druckbolzen gegen den äußeren Rahmen verschoben.

Durch Versetzen der Stützrollen des inneren Rahmens lassen sich in der röntgenographisch vermeßbaren Fläche Druck- bzw. Zugspannungen erzeugen.

Die üblichen Probenabmessungen betragen 120 mm x 15 mm x 2,5 mm. Die Vorrichtung ist festigkeitsmäßig für maximale Spannungen in der Randschicht von 600 N/mm² ausgelegt.

Auf dem Druckbolzen befinden sich zwei Dehnmeßstreifen (Vollbrückenschaltung mit zwei aktiven DMS), mit deren Hilfe die Biegekräfte und in Verbindung mit den geometrischen Beziehungen das aufgebrachte Biegemoment bestimmt werden kann. Die Biegespannung σ_x in der Probenoberfläche errechnet sich unabhängig von den makroskopischen elastischen Konstanten E-Modul und Querkontraktionszahl ν.

$$\sigma_x = \frac{M_b}{W} \quad \text{mit} \quad W = \frac{bh^2}{6}$$

M_b: Biegemoment

W: Widerstandsmoment

b, h: Probenbreite bzw. Probendicke

Bei der einachsigen Biegung ist zu beachten, daß ein zweiachsiger Spannungszustand hervorgerufen werden kann, wenn aufgrund einer geringen Probendicke die Querkontraktion behindert wird. Dabei gilt

$$\sigma_y = m \sigma_x \quad \text{mit} \quad 0 < m < \nu$$

Daher wird ein scheinbarer Elastizitätsmodul E' wirksam

$$E' = \frac{E}{1-m\nu}$$

Der Wert m wird zweckmäßigerweise experimentell bestimmt nach der Beziehung

$$m = \frac{\nu \varepsilon_x + \varepsilon_y}{\nu \varepsilon_y + \varepsilon_x}$$

Messungen mit Hilfe von Dehnmeßstreifen ergaben an Proben aus Ck 45 für die angegebenen Abmessungen folgenden Wert:

$$m = 0,0391$$

Sowohl eine Vergrößerung der Dicke als eine Verringerung der Breite bewirken geringere Werte für m, d. h. eine bessere Annäherung an den einachsigen Biegezustand.

Bei großen Durchbiegungen der Probe - entsprechend hohen Spannungen in der Randfaser - ist ferner zu berücksichtigen, daß sich aufgrund der geometrischen Änderung die Hebelarme und damit das bei vorgegebener Biegekraft wirksame Biegemoment ändern. Die Biegemoment-Bolzendehnung-Kennlinie verläuft flacher, <u>Bild 9</u>.
Die tatsächliche Hebelarmlänge l errechnet sich zu

$$l = -(l_o + \frac{2WE}{rF}) \pm \sqrt{(l_o + \frac{2WE}{rF})^2 + l_o \frac{2WE}{rF}}$$

l_o: Hebelarmlänge bei unbelasteter Probe

r: Radius der Stützrollen

F: Biegekraft

E: Elastizitätsmodul der Probe

W: Widerstandsmoment der Probe

Die Eichung der Biegevorrichtung erfolgte durch die Vermessung einer Probe mit bekanntem E-Modul (bestimmt auf einem Försterelastomat des Institutes für Werkstoffkunde der TH Aachen). Dadurch können alle Einflüsse, wie z. B. Fertigungsungenauigkeiten, erfaßt werden.
Eine anschließende Überprüfung der Meßgenauigkeit in Verbindung mit dem ψ-Goniometer ergab bei 2 REK-Messungen von Proben mit bekannten Werten für die Konstanten Abweichungen von $\simeq$ 5 %. Die ermittelten Werte lagen gut im angegebenen Vertrauensbereich der mitgeteilten Werte (16).

4. Eisenbahnradreifen

4.1. Gefügeuntersuchungen an Radreifen

Die Radreifen werden nach dem Walzen entsprechend den UIC-Vorschriften normalgeglüht. Im Schliffbild zeigt der Werkstoff ein ferritisch-perlitisches Grundgefüge mit geringen Mangansulfideinschlüssen auf. Im Betrieb wird der Werkstoff in der Kontaktzone durch die Normal- und Tangentialkräfte über die Streckgrenze hinaus belastet. Die Randschicht des Radreifens wird in einer Vorzugsrichtung plastisch verformt, hier dargestellt am Beispiel eines Radreifens des elektrischen Triebwagens ET 420, Werkstoff M 80, <u>Bild 10</u>. Dabei wird in der Mitte der Lauffläche eine annähernd konstante Verformungstiefe von ca. 0,5 mm beobachtet. Der Übergangsbereich Lauffläche-Spurkranz spiegelt im Schliffbild die komplexe Beanspruchung wider, die beim Anlauf des Spurkranzes an die Fahrkante auftritt.

Verbunden mit der plastischen Verformung stellt sich eine Verfestigung ein. Bild 11 verdeutlicht den mit der Kaltverfestigung auftretenden Härteanstieg.

Vereinzelt kann in der Oberfläche kugelig eingeformter Zementit sowie besonders bei Radreifen klotzgebremster Fahrzeuge Reibmartensit nachgewiesen werden (17).

4.2. Eigenspannungsmessungen an Radreifen

Die Eigenspannungsmessungen ergeben Druckspannungen, deren größter Wert in der Oberfläche bestimmt wird.

Die Verteilung der Oberflächenspannungen über den Querschnitt spiegelt die komplexe Beanspruchung der Oberflächen wider. Bild 12 zeigt den Verlauf der axialen und tangentialen Spannungen. Im Bereich des Laufspiegels treten entsprechend den plastischen Verformungen Druckspannungen auf, im Übergangsbereich zum Spurkranz liegen Zugspannungen vor.
Der Berechnung der Spannungswerte liegen die experimentell bestimmten REK des spannungsfrei geglühten Grundwerkstoffs M 80 zugrunde.

Der Eigenspannungsverlauf in die Tiefe ist gekennzeichnet durch einen steilen Spannungsgradienten mit dem Druckspannungsmaximum in der Oberfläche, Bild 13.

5. Wälzprüfstandsversuche

In der Praxis werden Radreifen beansprucht durch

a) Normalkräfte, statisch und dynamisch

b) Tangentialkräfte, statisch und dynamisch

c) Gleitgeschwindigkeit zwischen Schiene und Rad, der Betrag liegt zwischen 0 beim reinen Rollen und ca. 10 m/s bei schleudernden oder blockierten Rädern (17).

Diese komplexen Beanspruchungen erlauben keine eindeutigen Aussagen über die Auswirkungen der verschiedenen Parameter auf die Randschicht der Radreifen. Dagegen ist es möglich, in Modellprüfstandsversuchen einzelne Einflußgrößen bei Konstanz aller anderen zu variieren und gezielte Aussagen zu machen.

5.1. Temperaturmessungen

Temperaturerhöhungen in der Grenzschicht reibender Körper beeinflussen in starkem Maße die Werkstoffe und somit den Reibungsvorgang. Schon bei Temperaturen um 200° C sinkt der Elastizitätsmodul von Stählen um ca. 15 %. Dadurch verändern sich die Kontaktverhältnisse, die Flächenpressung wird bei sonst konstanten Bedingungen erniedrigt. Weiter verringern sich die Festigkeitswerte der Werkstoffe. Bei höheren Temperaturen können Gefügeumwandlungen auftreten. Bekannt sind Martensitbildungen, wenn die auftretenden Temperaturen Werte von 900° C erreichen und eine hohe Abkühlungsgeschwindigkeit erreicht wird (18). Eine obere Grenze für die bei Reibungsvorgängen entstehenden Erwärmungen ist durch den Schmelzpunkt einer der Reibungspartner gegeben.

Für die Messung der bei der trockenen Wälzreibung erzeugten Temperaturen wurde eine Meßvorrichtung nach dem Verfahren der natürlichen Thermoelemente an einer Amsler-Abnutzungsmaschine aufgebaut.

Im Prinzip wälzen bei dieser Prüfmaschine zwei zylindrische Prüfkörper unter einstellbarer Normalkraft und Schlupf in einer definierten Atmosphäre ab, Bild 14. Die Versuchsparameter sind in Grenzen frei wählbar:

Normalkraft	200 ÷ 700 N
Schlupf	0 ÷ 100 %
Drehzahl	200, 400 min^{-1}
Probendurchmesser	45 ÷ 55 mm
Probenbreite	8 ÷ 16 mm

Das natürliche Thermoelement wird von den Reibungspartnern selbst gebildet. Sie bestanden aus gegeneinander thermoelektisch aktiven Werkstoffen, V2A und St 60. Diese Paarung hat bei einer ausreichend hohen thermoelektrischen Kraft von 0,6 mV/100° C ein Wälzreibungsverhalten, welches dem der in der Praxis verwendeten Werkstoffe in erster Näherung entspricht.

Der rostfreie Stahl V2A wurde in der Praxis bereits in Versuchen eingesetzt, der Stahl St 60 stimmt in Analyse und Kenndaten mit einigen Radreifen- bzw. Schienenwerkstoffen überein.

Jeder in Eingriff mit dem Gegenkörper befindliche Mikrohügel der Oberfläche entspricht einem Thermoelement; die gemessene Spannung entspricht der mittleren Temperatur der augenblicklichen, wahren, oxidfreien Kontaktfläche, die für die tribologischen Vorgänge entscheidend ist (19).

Den Versuchsaufbau zeigt Bild 15 (29). Die Prüfkörper sind elektrisch isoliert aufgespannt. Die Thermospannung wird an den Vergleichsstellen mit einem Oberflächenabstand von 7 mm abgegriffen und über Schleifringe zu einem Kathodenstrahloszillographen übertragen. Alle Meßleitungen sind abgeschirmt, um eine Induktion von Fremdspannungen zu vermeiden.

Die Ergebnisse bei Variation der Belastungsparameter Normalkraft und Schlupf stellt Bild 16 zusammen. Sie folgen, abgesehen von einem Korrekturfaktor, gut den theoretischen Modellen von Blok (26). Die Messungen ergeben im Vergleich zur Rechnung um den Faktor 1,7 höhere Werte.

Für die Bestimmung der Temperaturverteilung in der Kontaktzone wurde eine zweiteilige Probe, bestehend aus einer Scheibe mit Nase aus V2A, die sich elektrisch isoliert auf einem Ring aus St 60 abstützt, gefertigt. Die Nase gelangt bei einer Umdrehung der Probe einmal mit der Gegenrolle aus St 60 in Kontakt. Beim Einlauf und Auslauf ergibt sich das Temperatursignal als Mittelwert der definiert durchlaufenen Abschnitte der Kontaktzone.

In Bild 17 wird der dynamische Verlauf der Reibungstemperatur für einzelne Abschnitte des Gesamtkontaktes dargestellt. Das Temperaturmaximum ist deutlich zur Auslaufkante hin verschoben. Die Temperatur in der Auslaufkante liegt über der mittleren Temperatur der Berührungsfläche.

Die bisher beschriebenen Versuche wurden an glatten, also geschliffenen und prägepolierten Oberflächen durchgeführt. Schon geringe mechanische Schäden führen zu Temperaturen, die um den Faktor 10 größer sind, als die beschriebenen mittleren Temperaturen.

5.2. Eigenspannungsmessungen

Für die Durchführung dieser Versuche stand ein Wälzprüfstand der Bauart Bugarcic zur Verfügung, Bild 18 (21).

Die verwendeten Proben aus Ck 45 hatten einen Durchmesser von 50 mm bei einer Breite von 15 mm. Die Versuche fanden in feuchter Luft, Wasserdampfpartialdruck ≃ 240 mm WS, statt.

Zur Erzielung eines gleichen Ausgangszustandes erfolgte vor dem eigentlichen Versuch ein Einlauf mit den Werten Schlupf = 0,02 %, Normalkraft = 550 N, Einlaufzeit = 15 min entsprechend einem Laufweg von 0,5 km. Nach einem Laufweg von l_W = 1 km wurde der Versuch unterbrochen und die Messungen von Rauheit, Gewichtsverlust und Eigenspannung in Umfangsrichtung vorgenommen. Durch entsprechende Markierungen war sichergestellt, daß immer die gleichen Stellen der Rollen vermessen wurden. Zur Kontrolle wurden an fünf weiteren Stellen die Rauheit und Eigenspannungen bestimmt. Die Abweichungen bei der röntgenographischen

Spannungsmessung betragen auf dem Probenumfang im Vergleich zu der festgehaltenen Stelle ± 25 N/mm².

Als Ausgangszustand ist der gemessene Schleifeigenspannungswert von - 125 N/mm² angenommen.

Den Eigenspannungswerten ist die experimentell bestimmte röntgenographische Elastizitätskonstante $1/2\ s_2$ = $5,9 \cdot 10^{-6}$ mm²/N des Grundwerkstoffs zugrunde gelegt.

Die Eigenspannungsmessungen zeigen eine starke Abhängigkeit der Oberflächenspannungen von dem Schlupf. Bild 19 zeigt diesen Zusammenhang für einen Wälzweg von 3 km. Weitere Parameter: Normalkraft = 700 N, Schlupf = 0,02 ÷ 0,5 %.

Bild 20 zeigt die Zusammenfassung der Meßergebnisse in einem räumlichen Schaubild. Auffallend ist der Spannungsabfall nach einem Laufweg von etwa 2 ÷ 4 km. Zu dieser Zeit ist der Aufbau der oxidischen Reaktionsschichten abgeschlossen.

Dies wird als dynamischer Oberflächeneffekt - Trennung von Oxidschichtpartikeln vom Grundmaterial - gedeutet, der sich auch bei längerer Versuchszeit, allerdings auf einem höheren Spannungsniveau, fortsetzt, Bild 21.

Bei geringen Gleitgeschwindigkeiten (Schlupf = 0,1 %) erreichen die Eigenspannungen auch nach 8stündiger Versuchszeit (entsprechend einem Laufweg von 16 km) nur geringe Werte, die erheblich unter der Streckgrenze des verwendeten Materials liegen. Dies wird erklärt durch die Auswirkungen der sich bildenden Oxidschichten, die die Beanspruchungen des Grundwerkstoffs herabsetzen, sowie die im Vergleich zu höheren Schlupfwerten geringere Reibungszahl (22).

In Abhängigkeit von der Versuchszeit war eine qualitative Übereinstimmung der Rauheits- und Eigenspannungsverläufe festzustellen. Bei großen Rauheiten treten entsprechend hohe Eigenspannungen auf, Bild 22.

Der Einfluß der Normalkraft auf die Eigenspannungsausbildung ist wesentlich geringer als der der Relativgeschwindigkeit. Nach 1 bis 2 km Laufweg ist keine systematische Abhängigkeit festzustellen, Bild 23.

Der Spannungsabfall nach dem stetigen Anstieg wird bei einem Laufweg von etwa 4 km beobachtet, Bild 24.

Diese Meßwerte lassen den grundsätzlichen Verlauf der Eigenspannungen erkennen, allerdings ist aufgrund der gewählten Laufwegabschnitte von 1 km eine exakte Bestimmung der Maxima und Minima nicht möglich.

Die Eigenspannungsverläufe in die Tiefe lassen sich bei den Rollen wie folgt charakterisieren:

- steiler Spannungsgradient in der äußersten Randschicht - von der maximalen Druckspannung - 350 ÷ 400 N/mm² auf - 150 ÷ 200 N/mm² in ca. 20 μm Tiefe

- ein Bereich annähernd konstanter Spannung von 20 μm ÷ ca. 300 μm - Druckeigenspannungen zwischen - 200 N/mm² und - 100 N/mm²

- Übergang zum unbeeinflußten Grundwerkstoff - Abklingen der Spannungen auf Null

5.3. Zusammenfassung der Untersuchungen an Radreifen und Rollen des Wälzprüfstandes

Kennzeichnend für den Gefügezustand in den Randschichten der Wälzkörper sind die hohen plastischen Verformungen, die in der äußersten Schicht Beträge von einigen 100 % erreichen. Entsprechend den Verformungen entstehen Eigenspannungen, deren Maximum bei den betrachteten Belastungsfällen an der Oberfläche liegt.

In der Randschicht liegt gegenüber dem Grundmaterial ein stark veränderter Gefügezustand vor: die ursprünglichen Korngrenzen sind aufgelöst, die einzelnen Körner sind im Schliffbild nicht zu trennen. Der lamellare Zementit wird aufgrund der Verformungen teilweise zerbrochen. Bei den Reibungsvorgängen entstehende hohe Temperaturen führen örtlich zur Einformung des lamellaren Zementits in die kugelige Form. Vereinzelt kann an der Oberfläche Reibmartensit nachgewiesen werden.

6. Gefügeeinfluß auf die Größe der röntgenographischen Elastizitätskonstanten

6.1. Einfluß der Wärmebehandlung - Korngröße

6.1.1. Probenherstellung

Für die Untersuchungen des Einflusses der Korngröße auf den Betrag der röntgenographischen Elastizitätskonstanten wurden Proben aus Ck 45 und Radreifenstahl M 80 unterschiedlichen Wärmebehandlungen unterzogen und röntgenographisch vermessen. Zusammensetzung der Stähle:

	C	Si	Mn	P	S	Cu
Ck 45	0,46	0,3	0,7	0,015	0,012	0,02
M 80	0,65	0,35	0,65	0,03	0,03	0,15

Die Proben wurden aus einer Charge hergestellt, so daß
eine Beeinflussung durch eine verschiedene chemische Zusammensetzung ausgeschlossen ist.

Die Wärmebehandlungen erfolgten in einem Salzbad, Tabelle 2.
<u>Bild 25</u> zeigt einige Beispiele für die erzeugten ferritisch-
perlitischen Gefüge.

Probe	Wärmebehandlung
70	Ausgangszustand (normalisiert)
72	850° C / 20 min / Luftabkühlung 650° C / 3 h / Ofen
75	850° C / 20 min / Luft 1000° C / 30 min / Luft
76	850° C / 20 min / Luft 950° C / 30 min / Luft
77	850° C / 20 min / Luft 1100° C / 45 min / Luft
78	850° C / 20 min / Luft 900° C / 45 min / Luft
79	850° C / 20 min / Luft 850° C / 20 min / Luft

Tabelle 2: Wärmebehandlungen

Die Proben aus dem Radreifenstahl M 80 tragen die Kenn-
ziffer 5, die zweite Ziffer gibt anhand dieser Tabelle die
Wärmebehandlung an (z. B.: Proben-Nr. 50 - Ausgangszustand).

Nach den Wärmebehandlungen wurden ca. 0,8 ÷ 1 mm von den
Proben spanend abgetragen, um mögliche Entkohlungs- oder
andere Effekte auszuschließen. Nach dem Schleifen der Pro-
benoberflächen erfolgte ein elektrochemischer Abtrag von
60 ÷ 80 µm zur Beseitigung der Schleifeinflüsse. Nach dieser Behandlung wurden an allen Proben annähernd gleiche,
geringe Zugeigenspannungen gemessen.

Die erzielten Gefüge wurden lichtmikroskopisch auf Gleich-
mäßigkeit überprüft und die Korngrößen nach dem Kreisver-
fahren bestimmt (23).

Bei einer Überprüfung des linearen Zusammenhangs zwischen
den röntgenographischen Dehnungen über $\sin^2\psi$ wurde eine
nach dem Normalisieren überschliffene Probe in verschiedenen Bereichen für $\sin^2\psi$ mit gleicher statistischer Si-
cherheit vermessen. Dabei ergaben sich im Bereich größerer
ψ-Werte höhere Spannungsbeträge als im Bereich kleiner
Kippwinkel ψ. Eine Zusammenfassung der Meßwerte bei Mittelung der Ergebnisse für $+\psi$ und $-\psi$ zeigt eine nichtlineare
Verteilung, deren Steigung mit größeren Werten für $\sin^2\psi$
zunimmt, <u>Bild 26</u>. Eine Erklärung für diesen Verlauf ist

die Annahme eines sehr steilen Spannungsgradienten, so daß
die ψ-abhängige Eindringtiefe (17) der Röntgenstrahlung
die Messungen beeinflußt. Im Bereich um ψ = 0 wird die Information aus der maximalen Tiefe ca. 10 μm erhalten, wobei auch Bereiche geringer Spannung erfaßt werden. Mit zunehmendem Kippwinkel ψ stammt die Information aus einer
geringeren Tiefe mit höheren Spannungswerten, was zu dem
gezeigten nichtlinearen Verlauf führt.

Bei den für die REK-Bestimmungen verwendeten Proben wurden
nach dem elektrolytischen Polieren stets lineare Verteilungen gemessen.

6.1.2. Ergebnisse für die Ebene (211)-α-Fe

Die Aufbringung der definierten mechanischen Lasten erfolgte mit Hilfe der Biegevorrichtung, wobei für einen
Wert der röntgenographischen Elastizitätskonstanten bis
zu fünf Spannungszustände vermessen wurden. Die Auswertung der Intensitätsverteilungen der gebeugten Strahlung
erfolgte nach der H/3-Methode.

Die gewonnenen Meßergebnisse bei der Vermessung der (211)-
Ebene des α-Fe sind in Tabelle 3 und <u>Bild 27</u> in Verbindung
mit der Korngröße zusammengefaßt.

Proben-Nr.	R.E.K. 10^{-6} mm^2/N (211)-Ebene		Korngröße F_m μm^2
	$1/2\, s_2$	s_1	
79	4,39	-0,97	119,3
72	4,70	-1,25	130,5
70	4,76	-1,13	193,5
76	4,83	-1,19	596,0
75	5,05	-1,27	727,5
77	5,37	-1,21	7666,0
59	4,58	-1,40	207,0
50	5,70	-1,09	7072,0
52	4,78	-1,26	17646,0

Tabelle 3: Meßergebnisse an der Ebene (211)-α-Fe

Deutlich ist folgende Tendenz erkennbar: Je kleiner die
Korngröße, desto geringer ist der Wert für die röntgenographische Elastizitätskonstante $1/2\, s_2$.

6.1.3. Ergebnisse für die Ebene (310)-α-Fe

Der Wert des Orientierungsfaktors Γ für die Ebene (211) beträgt 0,25 und liegt damit in der Nähe des Schnittpunktes der Voigt'schen und Reuß'schen Geraden, der Wert für die Ebene (310) dagegen 0,09, so daß aufgrund der Grenzannahmen gleicher Deformation bzw. eines gleichen Spannungszustands die Beträge für die röntgenographische Elastizitätskonstante $1/2\ s_2$ zwischen 5,6 und $8,9 \cdot 10^{-6}$ mm^2/N liegen (diese Angaben beziehen sich auf einen unlegierten Stahl mit maximal 0,2 % C) (9).

Die an den untersuchten Stählen gemessenen Werte $1/2\ s_2$ liegen innerhalb dieser Grenzen, Tabelle 4 und <u>Bild 28</u>.

Proben-Nr.	R.E.K. 10^{-6} mm^2/N	
	$1/2\ s_2$	s_1
79	7,10	-1,75
72	7,00	-1,66
70	6,60	-1,79
76	7,28	-1,84
77	7,80	-2,13
59	7,30	-1,90
52	7,80	-2,01

Tabelle 4: Meßergebnisse für die Ebene (310)-α-Fe

Mit abnehmender Korngröße nähert sich das elastische Verhalten der Kristallite dem Grenzzustand gleicher Deformation, größere Körner bewirken ein elastisches Verhalten angenähert der Annahme eines gleichen Spannungszustands. Die Mittelwerte der Konstanten liegen nahe dem nach Kröner berechneten Wert (9).

6.1.4. Diskussion der Meßergebnisse

Die Messungen an der Gleitebene des α-Fe (211) sowie der Ebene (310) zeigen, daß der Betrag der röntgenographischen Elastizitätskonstanten $1/2\ s_2$ mit geringerer Korngröße abnimmt. Dabei ist zu berücksichtigen, daß aufgrund der Wärmebehandlungen nicht nur die Korngröße, sondern insbesondere die Verteilung der Phasen Zementit und α-Eisen beeinflußt wird. Bei einer Normalisierung wird ein ferritisch-perlitisches Gefüge erzeugt, bei dem ein Teil der röntgenographischen Information aus α-Eisenkristalliten mit den elastischen Eigenschaften des reinen Eisens, der andere Teil aus der α-Fe-Phase des Perlits, wobei die elastischen Eigenschaften in starkem Maße durch die Wechselwirkungen zwischen den Phasen beeinflußt werden. Bei den Wärmebehandlungen zur Erzielung eines grobkörnigen Gefüges erhält man eine gleichmäßigere Verteilung der Phasen, so daß im Schliffbild ein höherer Kohlenstoffgehalt vorgetäuscht wird. Die röntgenographische Information wird bei einem solchen Gefüge praktisch nur aus den "Perlitkörnern" mit einer groblamellaren Zementitstruktur erhalten.

Für ein derartiges System α-Eisen - α-Eisen/Zementit spricht u. a. auch der Meßwert der Probe 52 (211)-α-Fe, bei dem trotz sehr großen Korndurchmessers ein kleiner Wert der Konstante $1/2\ s_2$ bestimmt wird. Diese Probe wurde einer Weichglühung unterzogen, so daß ein Teil des Zementits globular eingeformt ist. Trotz des groben Korns wird ein kleiner Wert gemessen, weil die röntgenographische Information zum großen Teil aus reinen Fe-Körnern stammt.

Diese starke Abhängigkeit der REK von dem Gefüge erklärt auch die großen Streuungen der Meßwerte verschiedener Autoren, besonders in dem Bereich bis ca. 0,5 % Kohlenstoffgehalt, <u>Bild 29</u>. In diesem Bild sind nur Meßwerte unlegierter Kohlenstoffstähle, Ebene (211)-α-Fe aufgetragen (10, 24, 25, 26).

6.2. Einfluß der plastischen Verformung

6.2.1. Auswirkung einer plastischen Verformung auf die mechanischen Konstanten

In der Literatur sind nur wenige systematische Untersuchungen über den Einfluß von plastischen Verformungen auf die Größe der makroskopischen Elastizitätskonstanten bekannt. Eine Sichtung der Ergebnisse für Stähle zeigt folgende Tendenzen (10, 27, 28):

Plastische Verformungen, z. B. beim Ziehen oder Walzen, bewirken eine Verringerung des E-Moduls.
Dabei werden die größten Änderungen im Vergleich zum Ausgangsmodul der unverformten Proben im Bereich kleiner Verformungsgrade festgestellt. Bei Verformungsgraden über ca. 40 % wird vereinzelt ein Anstieg der Kurve E-Modul = f (Verformungsgrad) beobachtet.

Die Änderungen des E-Moduls sind werkstoffabhängig, z. B. bei unlegierten Stählen vom Kohlenstoffgehalt. Die niedrigsten gemessenen Werte betragen ca. 170 000 N/mm^2.

Erfolgt die Verformung bei erhöhter Temperatur, so ist der Abfall des E-Moduls geringer im Vergleich zur Deformation bei Raumtemperatur. Bei höheren Temperaturen (ab ca. 200° C) wird sogar ein Anstieg des Wertes gegenüber dem Ausgangsmodul beobachtet.

Bei einer Auslagerung nach der Verformung tritt eine Erholung ein, so daß auch schon bei Raumtemperatur nach einiger Zeit wieder höhere Moduln im Vergleich zu Messungen direkt nach der Verformung bestimmt werden.

Eigene Messungen sollten diese Ergebnisse überprüfen und ergänzen. Hierzu wurden Flachproben aus dem Stahl St 37 in einem Laborwalzwerk des Institutes für bildsame Formgebung der RWTH Aachen bis zu 80 % verformt und anschließend auf einem Förster-Elastomaten (Institut für Werkstoffkunde der RWTH Aachen) vermessen. Im Prinzip wird bei diesem Gerät die zu untersuchende Probe zu Eigenschwingungen angeregt. Aus der Eigenfrequenz wird in Verbindung mit den geometrischen Abmessungen, dem spez. Gewicht sowie geometrischen Korrekturwerten der Elastizitätsmodul errechnet (30).

Die zusammengefaßten Ergebnisse zeigt Bild 30; der bei diesen Untersuchungen maximal erzielte Abfall des Moduls beträgt ca. 2 % bei einem Verformungsgrad von 40 %, wobei zu berücksichtigen ist, daß die erste Messung aus versuchstechnischen Gründen erst etwa eine halbe Stunde nach der Verformung vorgenommen werden konnte.

Nach einer Auslagerung bei Raumtemperatur wird ein Anstieg des E-Moduls gemessen, Bild 31, wobei nach einer Zeit von $2 \cdot 10^4$ min für die Walzgrade 30 ÷ 55 % der Ausgangswert noch nicht erreicht ist. Die übrigen Werte liegen bis zu 0,8 % über dem Ausgangsmodul.

Mit Hilfe des Förster-Elastomaten wird stets nur der mittlere E-Modul einer Probe bestimmt.
Weitergehende Aussagen sind jedoch z. B. durch den Vergleich mehrerer Proben möglich.

Es wurden Proben verschiedener Ausgangsdicke aus St 37 hergestellt, die im Walzwerk um 70 % der Ausgangsdicke heruntergewalzt wurden. Danach wurde der mittlere E-Modul der Proben bestimmt.
Für die Auswertung der Ergebnisse sind folgende Annahmen zu treffen:

1. es besteht bei gleichem Werkstoff und gleichem Verformungsgrad eine eindeutige Zuordnung zwischen E-Modul und Verformungsgrad

2. bei dem Walzvorgang entsteht aufgrund der einwirkenden Normal- und Tangentialkräfte eine Randschicht, deren elastische Eigenschaften von denen des Probenkerns abweichen; unter Voraussetzung von 1 wird dies durch die experimentellen Werte nachgewiesen

3. die Eigenschaften (Dicke, E-Modul) der Randschicht sind allein abhängig vom Verformungsgrad

Die Meßergebnisse sind in Tabelle 5 zusammengefaßt.

Proben-Nr.	Ausgangsdicke mm	Enddicke mm	mittlerer E-Modul N/mm^2
1	7,52	2,25	216 090
2	4,51	1,35	215 260
3	2,68	0,81	215 220
4	2,33	0,70	214 720
5	1,5	0,45	213 500

Tabelle 5: Ergebnisse der E-Modul-Messungen für gleiche Verformungsgrade bei unterschiedlicher Ausgangsdicke

Die Meßergebnisse zeigen deutlich eine Verringerung des mittleren E-Moduls mit abnehmender Probendicke. Unter der Voraussetzung 1 heißt dies, daß bei dem Walzvorgang eine Randschicht mit einem geringeren E-Modul gegenüber dem Probenkern entsteht. Nach 3 erklärt sich die Abnahme des E-Moduls dadurch, daß wegen des relativ größeren Anteils der Randschicht an der Probendicke sich deren Eigenschaften bei einer Mittelung stärker auswirken.

Bild 32 zeigt die Auswertung der Meßergebnisse, wobei der E-Modul der Randschicht aufgetragen ist über einer angenommenen Dicke der Schicht, die konstante elastische Eigenschaften aufweisen soll.
Für eine Schichtdicke von z. B. 10 µm würde demnach der E-Modul ca. 150 000 N/mm^2 betragen.

6.2.2. Einfluß einer geringen plastischen Verformung auf die Größe der REK

Für orientierende Versuche zum Einfluß einer plastischen Verformung wurden mit Hilfe der Zugvorrichtung Proben aus Ck 45 in Schritten von ca. 0,25 % plastisch gedehnt. Dieser Verformungswert bezieht sich auf den gesamten Probenquerschnitt, die erniedrigte Fließgrenze der Oberflächenkristallite wurde nicht berücksichtigt. Im Gegensatz zu den Messungen anderer Autoren wurde diese Randschicht vor der röntgenographischen Messung nicht abgetragen.

Die Ergebnisse zeigen, daß schon bei geringen plastischen Zugverformungen die REK für die Ebene (211)-α-Fe um ca. 20 % geringere Werte annehmen, Bild 33.

6.3. REK einer Radreifenoberfläche

6.3.1. Messungen an der Ebene (211)-α-Fe

Die Untersuchungen über den Gefügeeinfluß zeigten folgende Ergebnisse:

	kleinere	größere
	Werte für $1/2\ s_2$	
feines Korn	x	
grobes Korn		x
plastische Verformung nur (211), (220)-α-Fe		x
Einformung des Zementits	x	

Bei der Untersuchung des Einflusses einer plastischen Verformung auf die röntgenographischen Konstanten liegen Meßwerte für Verformungen bis ca. 70 % vor. Die in den Randschichten der Wälzkörper beobachteten Verformungsgrade von mehreren 100 % lassen sich durch übliche Walz- oder Ziehvorgänge nicht erreichen.

Daher wurden zur Bestimmung der röntgenographischen elastischen Eigenschaften der Randschichten Proben aus einem Radreifen eines ET 420 entnommen, <u>Bild 34</u>, die bei einer lichtmikroskopischen Überprüfung im Bereich der Größe des beleuchteten Fleckes konstante Verformungen aufwiesen.

Die Hauptverformungsrichtung verläuft in Umfangsrichtung des Radreifens. Die Verformungstiefe beträgt ca. 0,5 mm, <u>Bild 11</u>. Probe 31 diente zur Untersuchung der Eigenschaft quer zur Verformungsrichtung, Probe 32 zur Ermittlung der REK in Umfangsrichtung.

Die Ergebnisse der Messungen an der (211)-Ebene des α-Fe sind in den <u>Bildern 35 und 36</u> zusammengestellt. Die Messungen zeigen eine gute Übereinstimmung der REK-Verläufe in die Tiefe mit den in der lichtmikroskopischen Aufnahme sichtbaren plastischen Verformungen. Dabei werden in Verformungsrichtung kleinere Beträge für $1/2\ s_2$ ($3,1 \cdot 10^{-6}$ mm^2/N) in der Oberfläche gemessen als quer ($4,9 \cdot 10^{-6}$ mm^2/N). Nach einem elektrolytischen Abtrag betragen die Werte in einem Bereich von 100 ÷ 300 µm konstant ca. $5,1 \cdot 10^{-6}$ mm^2/N. In einer Tiefe von ca. 540 µm wird die REK des Grundmaterials bestimmt.

Eine Beeinflussung durch Oberflächeneffekte (erniedrigte Streckgrenze der Oberflächenkristallite (11)) ist bei diesen Messungen auszuschließen, da in der Oberfläche Druckeigenspannungen vorlagen, die mechanische Lastspannungen dagegen waren Zugspannungen. Auch bei den Messungen der REK des Grundmaterials wurden die Lastspannungen so gewählt, daß der Betrag der Zugspannungen kleiner als 0,5·Streckgrenze war.

Die niedrigen Werte lassen sich aufgrund der vorherigen
Untersuchungen aus einer Überlagerung der Einflüsse Korngröße und plastische Verformung erklären. Dabei wird die
elastische Verformung des Werkstoffs durch die Verteilung
der Phasen Zementit und Eisen sowie durch aufgestaute Ver-
setzungen behindert.

6.3.2. Messungen an der Ebene (310)-α-Fe

Nach den Erfahrungen aus der Literatur ist die Ebene (310)
des α-Fe gegenüber plastischen Verformungen invariant. Dagegen zeigen Messungen der Proben 31 und 32 einen starken
Anstieg der REK im Bereich der größten plastischen Verformungen in der Randschicht der Radreifen, <u>Bild 37</u>. Im Bereich
geringer Verformungen werden im Gegensatz zur Ebene (211)
die elastischen Konstanten des Grundmaterials gemessen.

Dieser Verlauf steht im Gegensatz zu einem denkbaren Verlauf
entsprechend der Korngröße von geringen Werten (zertrümmertes,
"feinkörniges" Gefüge der Randschicht) zu höheren Werten entsprechend der Korngröße des Grundmaterials. Unter der Voraussetzung, daß in dem stark verformten Bereich die Voigt'sche
Anname einer gleichen Deformation der Kristallite gültig ist,
lassen sich aus den Werten der röntgenographischen Konstanten
die mechanischen Werte berechnen.

$$E = \frac{1}{1/2\, s_2 + s_1}$$

Es ergeben sich folgende Werte:

	axial	tangential
Randschicht	$1{,}42 \cdot 10^5$ N/mm^2	$1{,}43 \cdot 10^5$ N/mm^2
Grundmaterial	$2{,}04 \cdot 10^5$ N/mm^2	$2{,}11 \cdot 10^5$ N/mm^2

7. Zusammenfassung und Ausblick

Im Rahmen der vorliegenden Arbeit wurde der Eigenspannungszustand in der Oberfläche von Wälzkörpern am Beispiel von Eisenbahnradreifen aus unlegiertem Kohlenstoffstahl bestimmt. Es liegen Druckeigenspannungen vor, deren Maximum in der Oberfläche gemessen wird. An Proben eines Wälzprüfstandes wird der Eigenspannungsaufbau während der Beanspruchungszeit verfolgt, die Haupteinflußgröße ist die Gleitgeschwindigkeit, wohingegen der Aufbau der Oberflächeneigenspannungen in dem untersuchten Flächenpressungsbereich unabhängig von der Normalkraft ist.

Die beobachteten Gefüge - starke plastische Verformungen, verbunden mit einer "Zertrümmerung" der Kristallite, teilweise Einformung des lamellaren Zementits - können durch die Beanspruchungen und einwirkende Reibungswärme erklärt werden. Prüfstandsversuche zeigen eine gute Übereinstimmung der Kontaktzonentemperaturen hinsichtlich der Einflußgrößen Schlupf und Normalkraft mit den theoretischen Vorschlägen von Blok, dabei sind die gemessenen Temperaturen um den Faktor 1,7 höher als die berechneten. Bei plastischen Verformungen, z. B. beim Walzen, ergeben sich in Walzrichtung gegenüber dem Ausgangszustand kleinere mechanische Elastizitätsmoduln, nach einer Auslagerung bei Raumtemperatur tritt eine Erholung ein, die zu einem Wiederanstieg der Elastizitätsmoduln führt.

Die Bestimmungen der röntgenographischen Elastizitätskonstanten für die untersuchten unlegierten Stähle zeigen eine deutliche Abhängigkeit der Werte vom Gefüge: der Betrag der Konstanten $1/2\, s_2$ ist um so kleiner, je geringer die Korngröße ist. Dies gilt sowohl für die (211)- als auch für die (310)-Ebene des α-Fe. Die für die Oberfläche von Radreifen bestimmten sehr kleinen Werte für $1/2\, s_2$ ((211)-α-Fe) werden durch den Einfluß von Korngröße und plastischer Verformung erklärt. Bei Verwendung dieser experimentell bestimmten röntgenographischen Konstanten errechnen sich z. T. erheblich größere Werte für die Eigenspannung als unter Voraussetzung der Gültigkeit der Konstanten des unbeanspruchten Grundmaterials, <u>Bild 38</u>. Diese Ergebnisse tragen zu einer genaueren Messung und Beurteilung der Eigenspannungen bei.

Bei einer Übertragung der Konstanten auf die Spannungsmessungen an Rollenoberflächen, z. B. <u>Bild 21</u>, errechnen sich Eigenspannungen, deren Wert mit ca. <u>800 N/mm²</u> über Streckgrenze des verwendeten Stahls liegen. Nach einer Prüfung der Übertragbarkeit und Gültigkeit der Konstanten ermöglicht die röntgenographische Spannungsmessung hiermit die Untersuchung und Bestimmung der Festigkeitseigenschaften dieser Randschichten.

Eine weitere experimentelle und mathematische Untersuchung der beobachteten nichtlinearen Verteilung $d_{\varphi\psi}/\sin^2\psi$ aufgrund der ψ-abhängigen Eindringtiefe der Röntgenstrahlung, verspricht die zerstörungsfreie Bestimmung von Spannungsverläufen in die Tiefe bei Vorliegen von sehr steilen Spannungsgradienten.

Die Ergebnisse der Konstantenbestimmungen an der Ebene (310)-α-Fe der Radreifenoberfläche - größere Beträge der Konstanten im Vergleich zum Grundmaterial - können als Folge eines erniedrigten Elastizitätsmoduls der Randschicht erklärt werden. Für eine endgültige Klärung dieser Aussage ist eine Überprüfung mit anderen Meßverfahren empfehlenswert. Eigene Messungen mit Hilfe des Förster-Verfahrens an Proben eines Radreifens ergaben aufgrund der Einflüsse durch die Probengeometrie Ergebnisse, die z. Z. noch nicht eindeutig interpretiert werden können.

Weiter ergeben sich die Aufgaben, für eine Klärung der Vorgänge in der Kontaktzone im Rad/Schiene-System das elastisch-plastische und festigkeitsmäßige Verhalten der Randschicht zum Zeitpunkt der Verformung zu bestimmen. Diese experimentellen Daten sind wichtige Voraussetzungen für eine exakte mathematische Erfassung des Kontaktproblems.

8. Schrifttum

(1) Lange, H.;
Hildebrandt, F.;
Hogenkamp, F.:
Zur Wahl von Rad- und Reifenwerkstoffen und zum Verhalten der Werkstoffe im Großversuch mit Radprofil II bei Reisezugwagen (Teil 1)
ZEV-Glasers Annalen 98 (1974) Nr. 4
S. 93

(2) Nefzger, A.:
Lauftechnische Erkenntnisse aus den Schnellfahrtuntersuchungen der Deutschen Bundesbahn
Glasers Annalen 93 (1969) S. 337

(3) Rudolph, W.:
Die Laufflächenschäden der Eisenbahnräder und ihre Entstehung
ZEV-Glasers Annalen 88 (1964) S. 98

(4) Bühler, H.:
Messungen von Eigenspannungen an Lokomotivrädern von Kuppelradsätzen
ETR 6 (1957) S. 9

(5) Macherauch, E.;
Müller, P.:
Das $\sin^2\psi$-Verfahren der röntgenographischen Spannungsmessung
Z. angew. Physik 13 (1961) S. 305

(6) Hauk, V.:
Grundlagen, Anwendung und Ergebnisse der röntgenographischen Spannungsmessung
Z. Metallkunde 55 (1964) S. 626

(7) Glocker, R.:
Materialprüfung mit Röntgenstrahlen
Springer-Verlag 1971

(8) Krause, H.;
Christ, E.:
Das röntgenographische Spannungsmeßverfahren - Prinzip und Anwendung
VDI-Z 117 (1975) Nr. 19, S. 884

(9) Bollenrath, F.;
Hauk, V.;
Müller, E. H.:
Zur Berechnung der vielkristallinen Elastizitätskonstanten aus den Werten der Einkristalle
Z. Metallkunde 58 (1967) S. 76

(10) Prümmer, R.:
Der Zusammenhang zwischen Gitterdehnungen und Lastspannungen zugverformter Stähle und dessen Auswirkung auf röntgenographische Eigenspannungsbestimmungen
Dissertation Karlsruhe 1967

(11) Faninger, G.:
Gitterdehnung und Vielkristallverformung
Berg- und Hüttenmännsche Monatshefte 112 (1967) S. 130

(12) Prümmer, R.: Grundlagen und Anwendung der röntgenographischen Eigenspannungsanalyse
Kerntechnik 13 (1971) S. 68

(13) Wolfstieg, U.: Eine verbesserte Anordnung zur röntgenographischen Dehnungs-Spannungsermittlung
Abstracts of Int. Conferences on Mechanical Behaviour, Kyoto 1971

(14) Krause, H.; Christ, E.: Ein ψ-Goniometer für die röntgenographische Spannungsmessung
VDI-Z 118 (1976) Nr. 16, S. 763

(15) Faninger, G.; Wolfstieg, U.: Auswertung der Interferenzlinien und $d_{\varphi\psi}/\varepsilon_{\varphi\psi}$, $\sin^2\psi$ Zusammenhang
HTM 31 (1976) S. 27

(16) Hauk, V.; Dölle, H.: pers. Mitteilung 1975
REK von Vergleichsproben

(17) Christ, E.: Röntgenographische Ermittlung und Bewertung von Randschichteigenspannungen nach einer Wälzbeanspruchung
Dissertation TH Aachen 1976

(18) Krause, H.; Christ, E.; Burchard, W.-G.; Chen, F.-S.: Über die Struktur sogenannter "weißer Schichten", entstanden in den Laufflächenbereichen von Eisenbahnrädern
Deutscher Verband für Materialprüfung e.V., 7. Sitzung des Arbeitskreises Rastermikroskopie, Würzburg 1975

(19) Ling, F. F.: On Temperature Transients of Sliding Interface
J. Lubrication Technology (1969) S. 397

(20) Blok, H.: The Flash Temperature Concept
Wear 6 (1963) S. 203

(21) Bugarcic, H.: Einfluß der Feuchtigkeit auf mechanisch-chemische Vorgänge bei der Reibungsbeanspruchung von Armco-Eisen, Einsatz- und Radreifenstahl unter Verwendung einer neukonstruierten Reibungsprüfmaschine
Dissertation TH Aachen 1965

(22) Krause, H.: Mechanisch-chemische Reaktionen bei der Abnutzung von St 60, V2A und Manganhartstahl
Dissertation TH Aachen 1966

(23) Schumann, H.: Metallographie
VEB Deutscher Verlag für Grundstoffindustrie, Leipzig 1960

(24) Prümmer, R.; Macherauch, E.: Zur Erfassung der elastischen Anisotropie bei röntgenographischen Gitterdehnungsmessungen am Ferrit von Eisenwerkstoffen
Materialprüfung 8 (1966) S. 281

(25) Macherauch, E.; Müller, P.: Ermittlung der röntgenographischen Werte der elastischen Konstanten von kalt gerecktem Armco-Eisen und Chrom-Molybdän-Stahl
Archiv Eisenhüttenwesen 29 (1958) S. 257

(26) Lange, H.: Röntgenographische Verformungsmeßverfahren zur Ermittlung von mechanischen Spannungen
VDI-Bildungswerk 1117

(27) Pomp, A.; Knackstedt, W.: Die mechanischen Eigenschaften bei erhöhten Temperaturen gezogener Stahldrähte in Abhängigkeit von dem Ziehgrad
Mitteilung des Kaiser-Wilhelm-Instituts 10 (1928) S. 117

(28) Sismarev, O. A.; Kuzmin, E. Ja.: Über die Abhängigkeit der Elastizitätskonstanten des Metalls von plastischen Verformungen
Izvestija Akad. Nauk SSSR
Mechanika (1961) Heft 3, S. 167

(29) Krause, H.; Christ, E.: Kontaktflächentemperaturen bei technisch trockener Reibung und deren Messung
VDI-Z 118 (1976) Nr. 11, S. 517

(30) Förster, F.: Ein neues Meßverfahren zur Bestimmung des Elastizitätsmoduls und der Dämpfung
Z. Metallkunde 29 (1937) S. 110

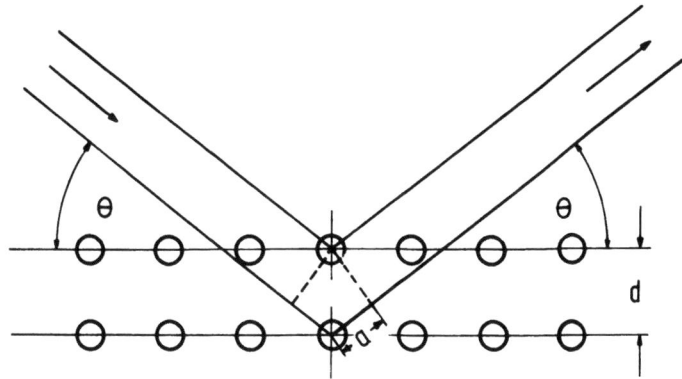

$$a = d \cdot \sin \theta$$

Bild 1: Interferenz an Netzebenenatomen

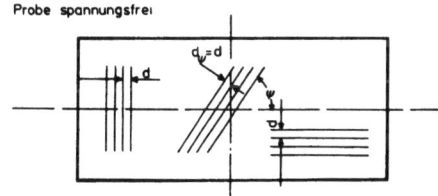

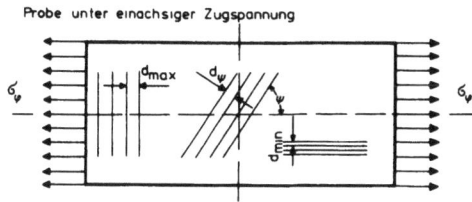

Bild 2:

Prinzip der röntgenographischen Spannungsmessung

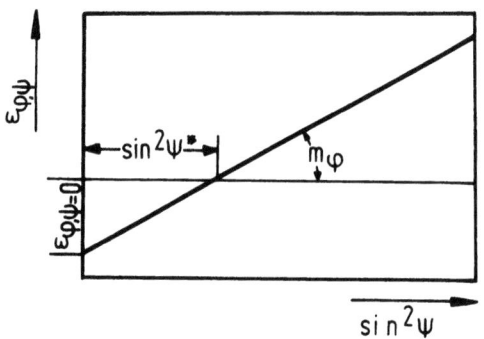

Bild 3:
Grundgleichung der röntgenographischen Spannungsmessung für φ=const.

$$\sin^2\psi^* = \frac{-s_1}{1/2\ s_2}\ \frac{\sigma_1 + \sigma_2}{\sigma_\varphi}$$

$$m_\varphi = \frac{\delta\varepsilon_{\varphi\psi}}{\delta\sin^2\psi} = 1/2\ s_2\ \sigma_\varphi$$

$$\varepsilon_{\varphi,\psi=0} = s_1\ (\sigma_1 + \sigma_2)$$

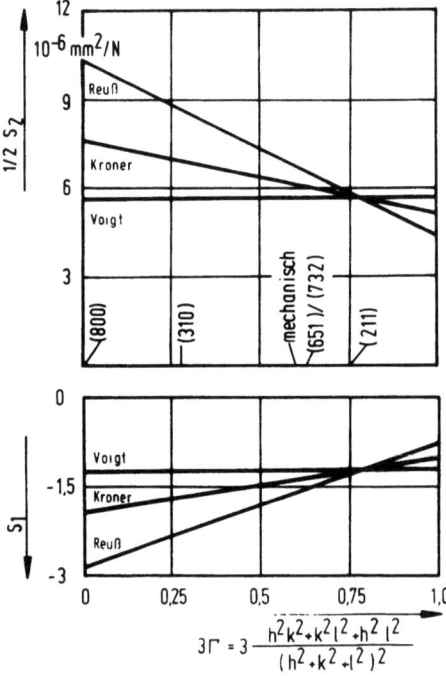

Bild 4:
Röntgenographische Elastizitätskonstanten von α-Fe in Abhängigkeit von der Orientierung, unlegierte Stähle mit einem maximalen Kohlenstoffgehalt von 0,2 % (nach (9))

$$3\Gamma = 3\ \frac{h^2k^2 + k^2l^2 + h^2l^2}{(h^2 + k^2 + l^2)^2}$$

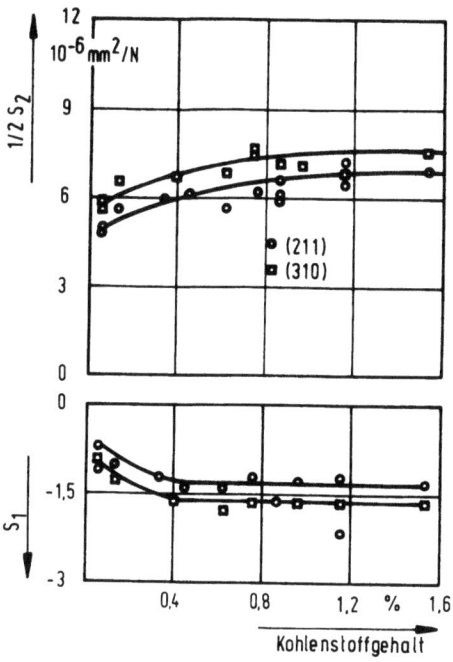

Bild 5:

Abhängigkeit der REK vom Kohlenstoffgehalt für unlegierte Stähle (nach (10))

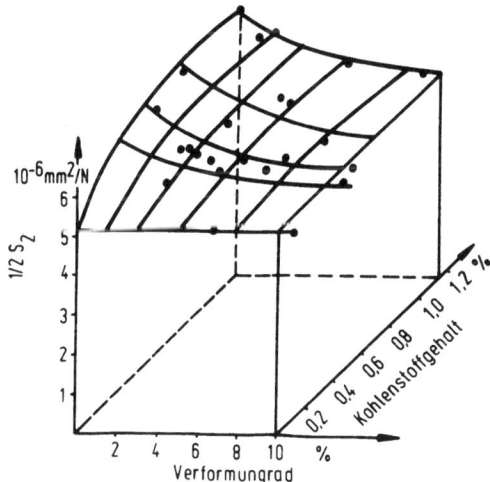

Bild 6:

Abhängigkeit der REK unlegierter Stähle von der plastischen Verformung und dem Kohlenstoffgehalt
– Messungen an der (211)-Ebene des α-Fe (nach (10))

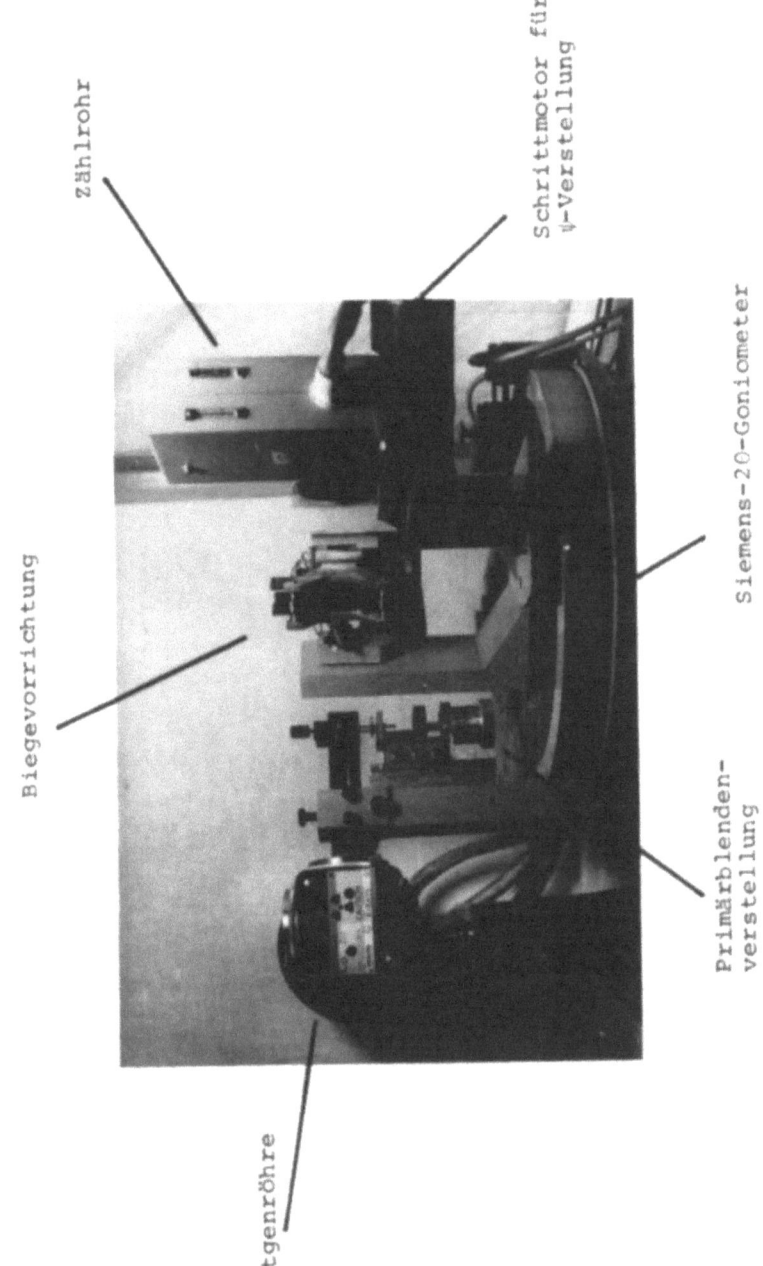

Bild 7: ψ-Goniometer

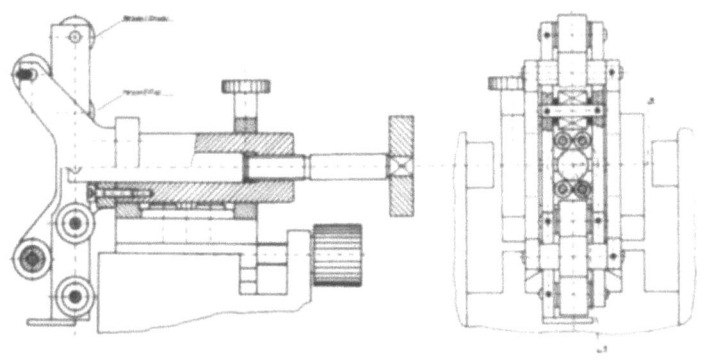

Bild 8: Biegevorrichtung

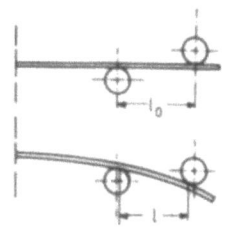

Bild 9:

Kennlinie der Biegevorrichtung

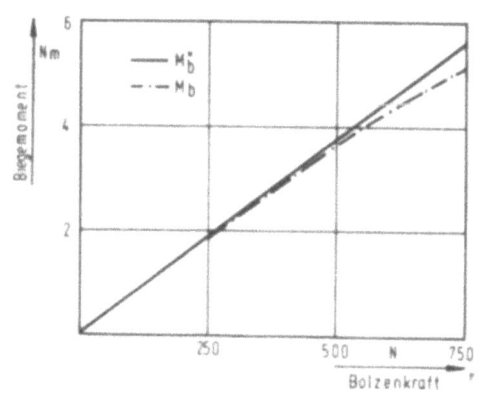

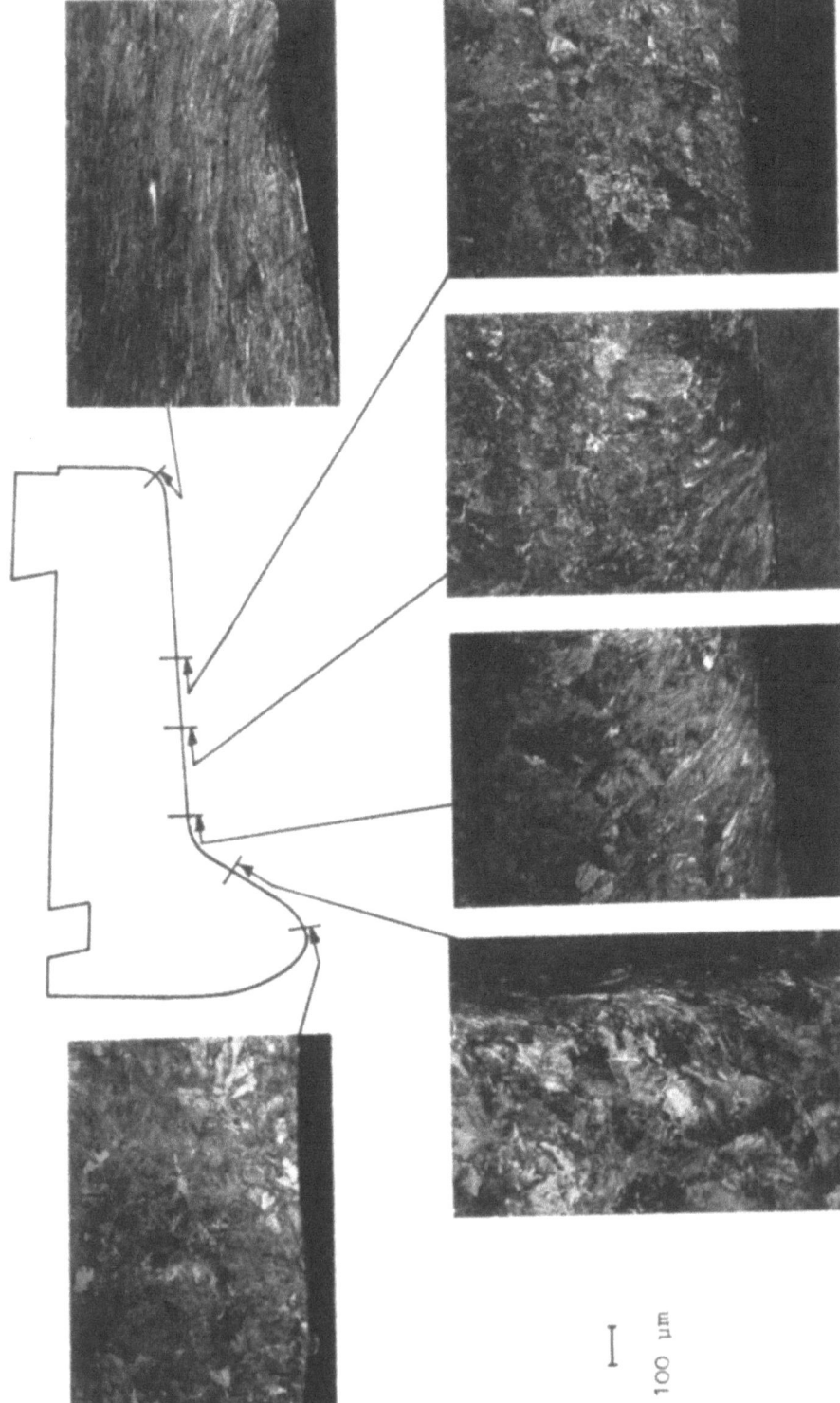

Bild 10: Plastisch verformte Randschichten eines Eisenbahntreibrades

100 µm

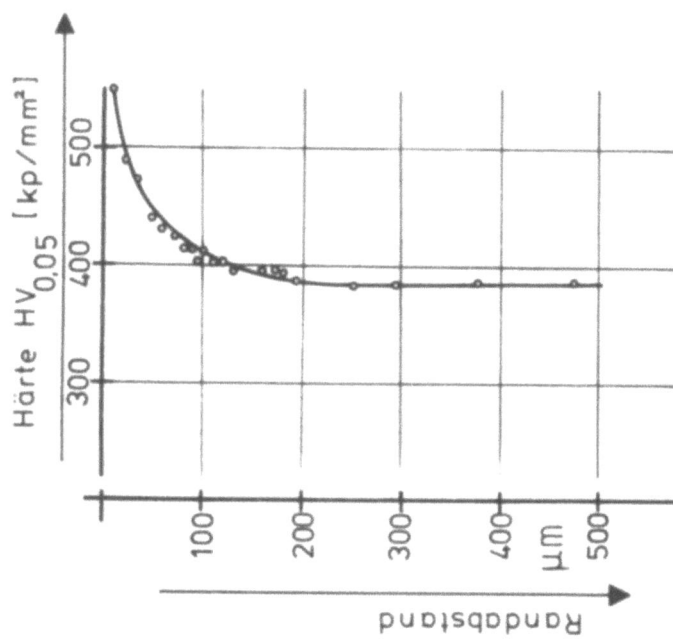
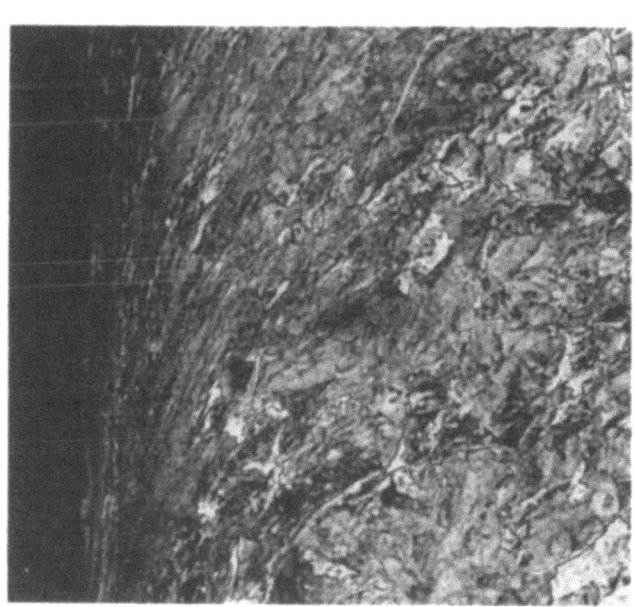

Bild 11: Gefüge und Härteverlauf der Randschicht eines Radreifens (elektrischer Triebwagen ET 420)

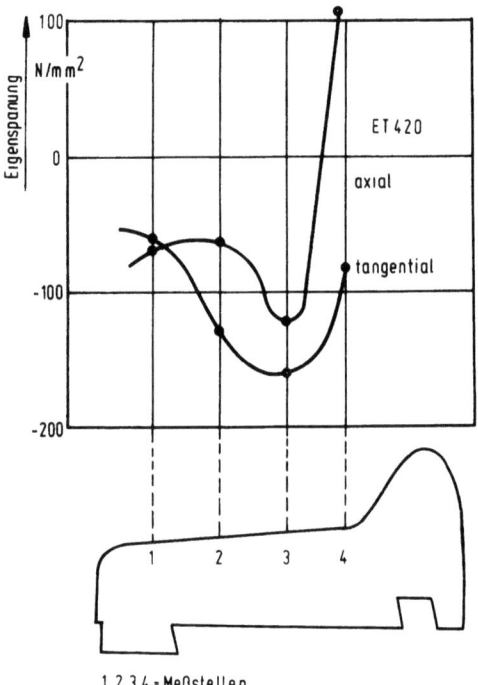

Bild 12:

Eigenspannungen in einer Radreifenoberfläche (elektrischer Triebwagen ET 420)

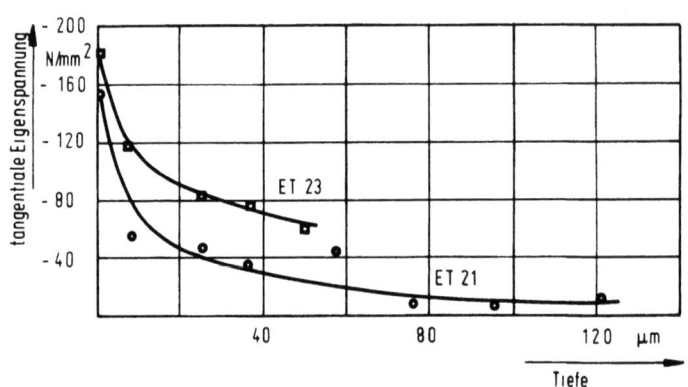

Bild 13: Eigenspannungsverlauf in die Tiefe, Messung an Stelle 3 nach Bild 12 in tangentialer Richtung, ET 23 und ET 21 Probenbezeichnungen

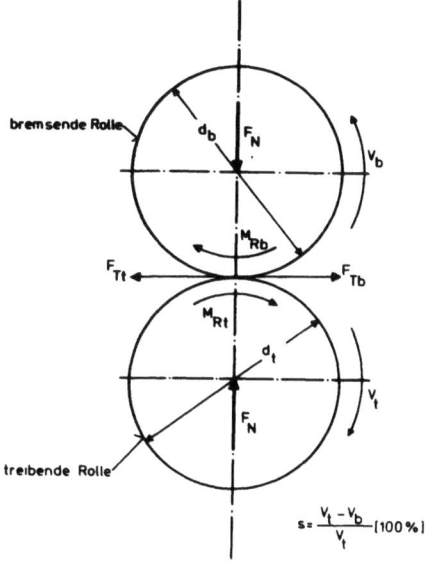

Bild 14:

Prinzip eines Wälzprüfstandes

d : Durchmesser
l_w : Laufweg
s : Schlupf
v : Umfangsgeschwindigkeit
F_N : Normalkraft
F_T : Tangentialkraft
M_R : Reibmoment

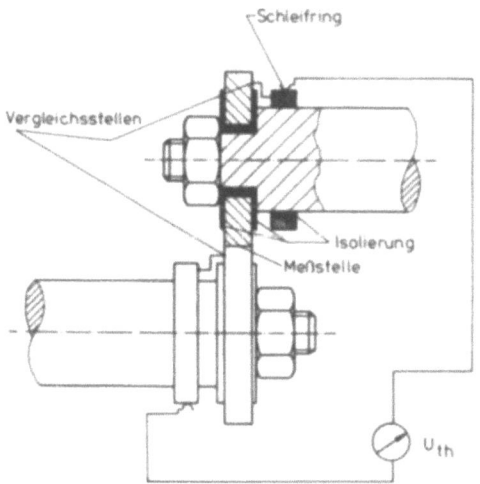

Bild 15:

Versuchsaufbau für Temperaturmessungen

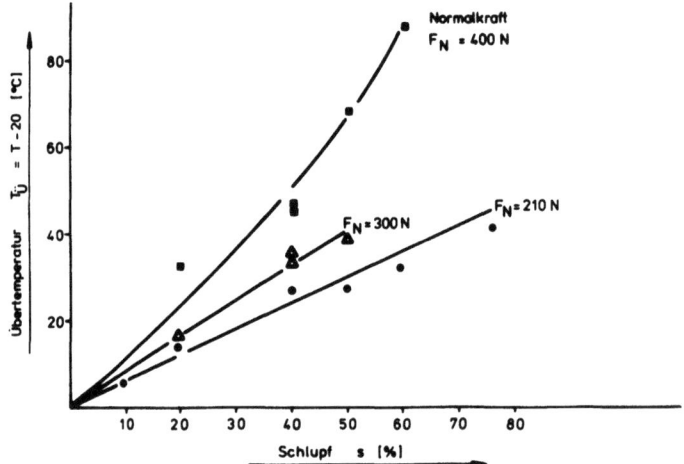

Bild 16: Kontaktflächentemperatur in Abhängigkeit von Normalkraft und Schlupf

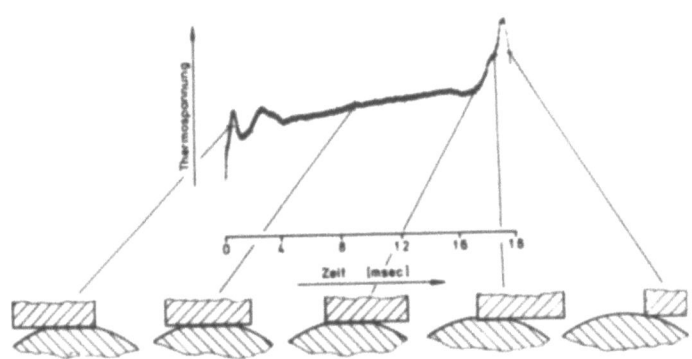

Bild 17: Temperaturverteilung in der Kontaktzone

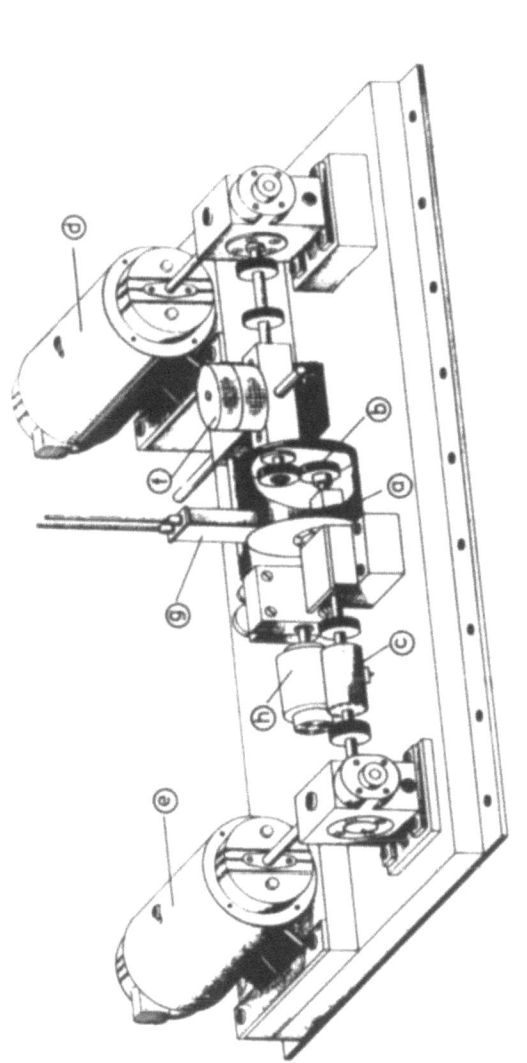

a   Klimakammer
b   Probe
c   Drehmomentmeßwelle
d   Synchronmotor, n = 3000 min^{-1}
e   frequenzgesteuerter Synchronmotor, n = 3000 - 3120 min^{-1}
f   Laufgewicht
g   Meßvorrichtung für Temperatur, rel. Luftfeuchtigkeit
h   Antrieb für Sinuslauf

Bild 18: Wälzprüfstand der Bauart "Bugarcic"

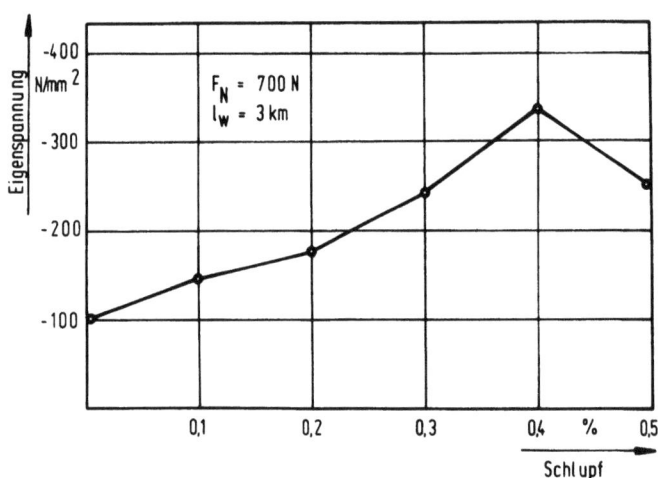

Bild 19: Oberflächeneigenspannungen in Abhängigkeit vom Schlupf

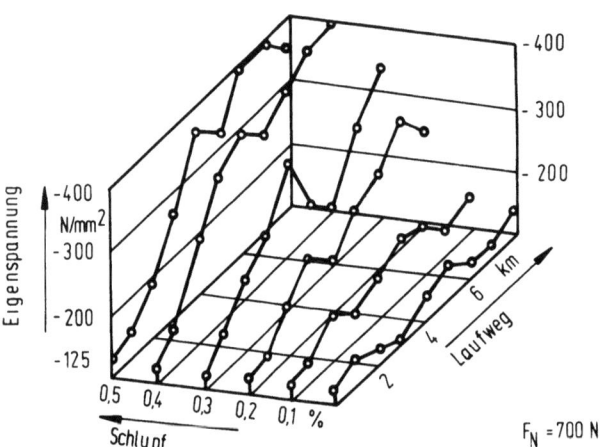

Bild 20: Oberflächeneigenspannungen als Funktion von Laufweg und Schlupf

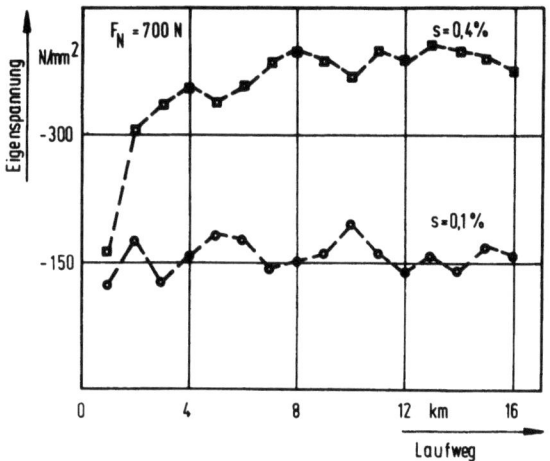

Bild 21: Eigenspannungen in Abhängigkeit von dem Laufweg

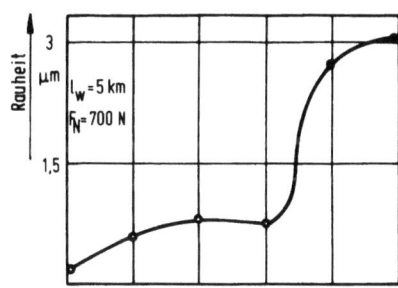

Bild 22:

Oberflächeneigenspannungen und Rauheit (arithmetischer Mittenrauhwert)

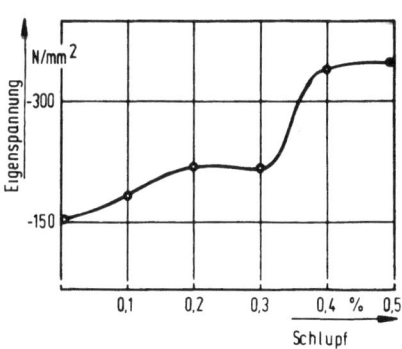

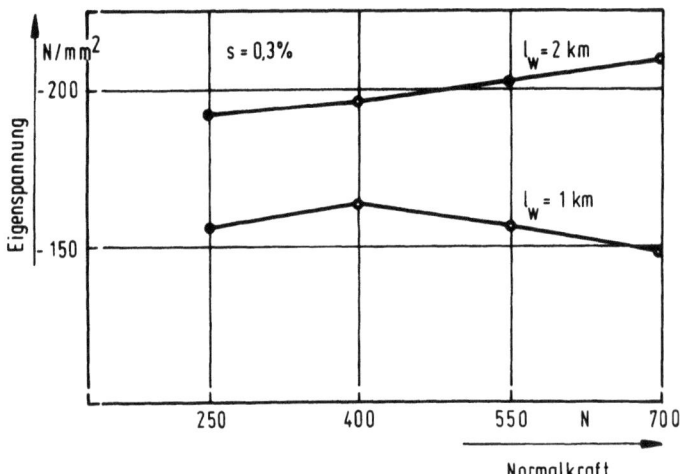

Bild 23: Einfluß der Normalkraft

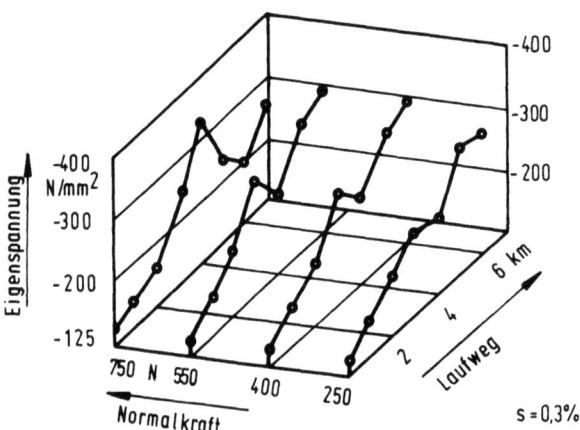

Bild 24: Eigenspannungsaufbau während der Beanspruchungszeit für unterschiedliche Normalkräfte

- 43 -

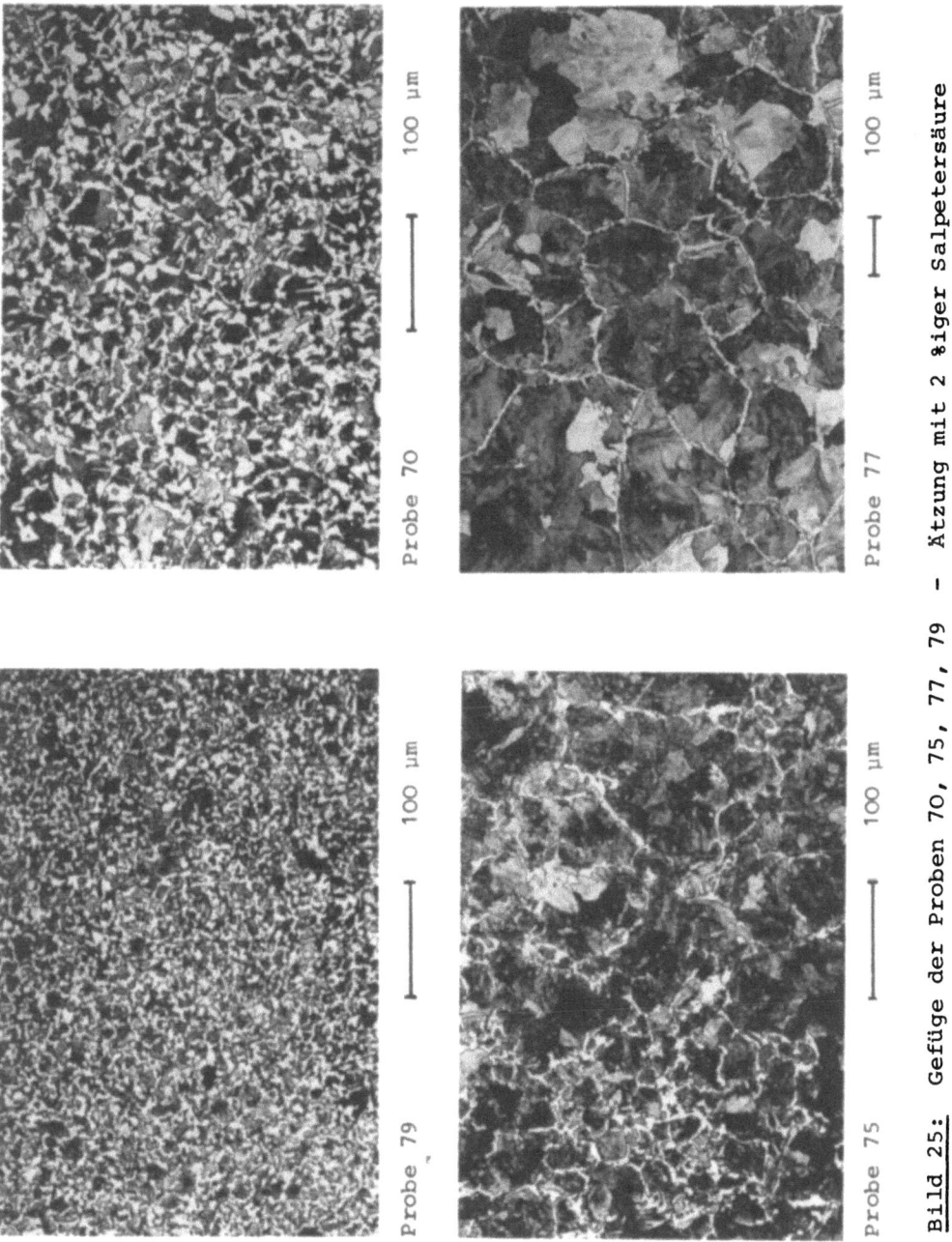

Bild 25: Gefüge der Proben 70, 75, 77, 79 - Ätzung mit 2 %iger Salpetersäure

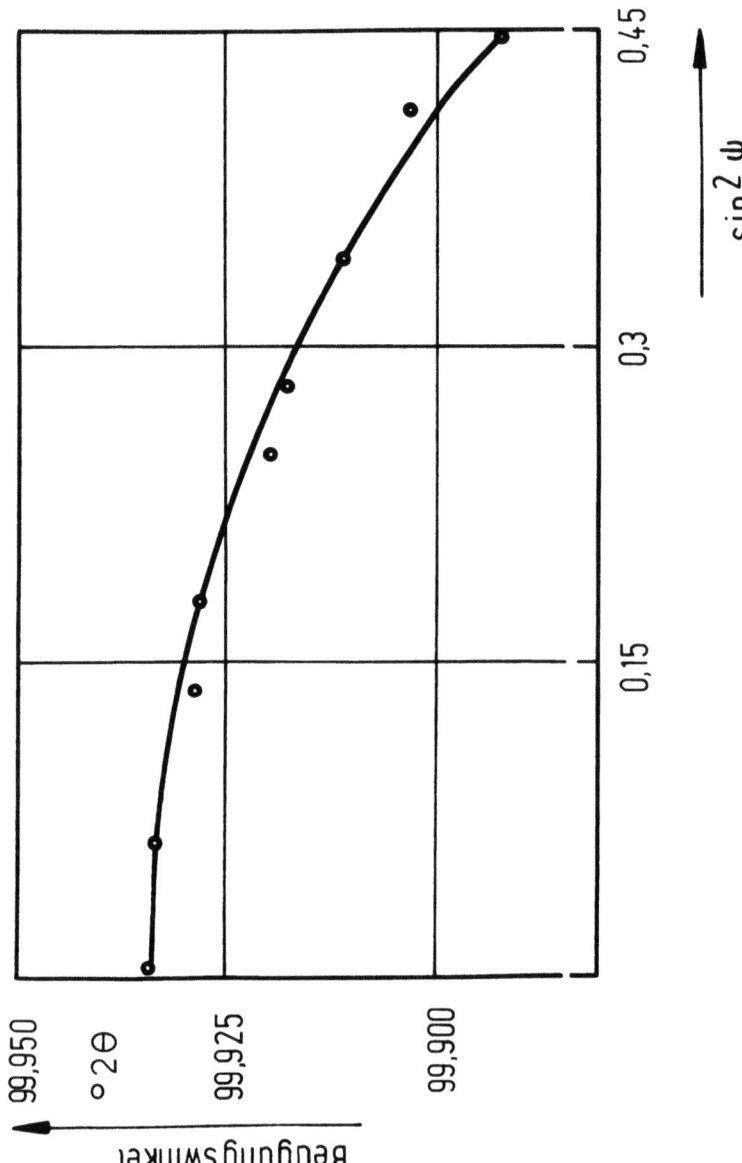

Bild 26: Nichtlineare Verteilung nach einer Schleifbeanspruchung, Messung in Schleifrichtung und Mittelung der Meßwerte für +ψ und -ψ

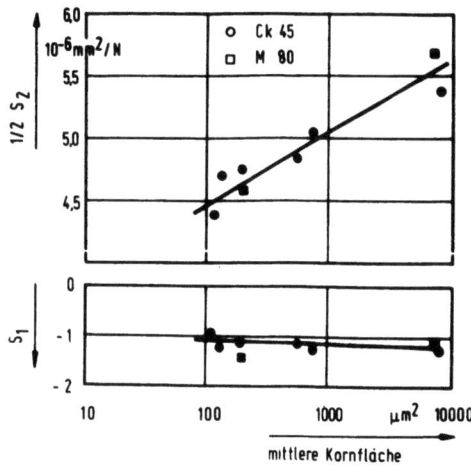

Bild 27:
Einfluß der Korngröße auf die röntgenographischen Elastizitätskonstanten der (211)-Ebene des α-Fe

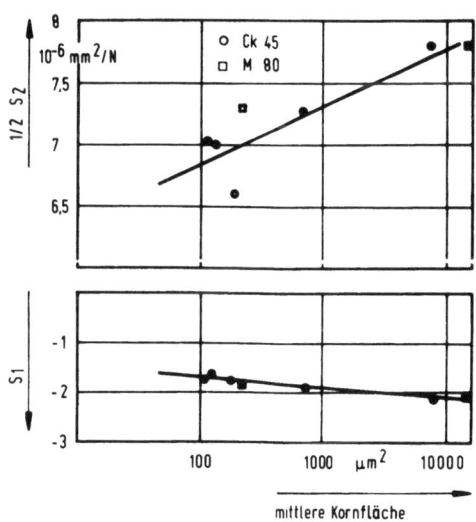

Bild 28:
Einfluß der Korngröße auf die röntgenographischen Elastizitätskonstanten der (310)-Ebene des α-Fe

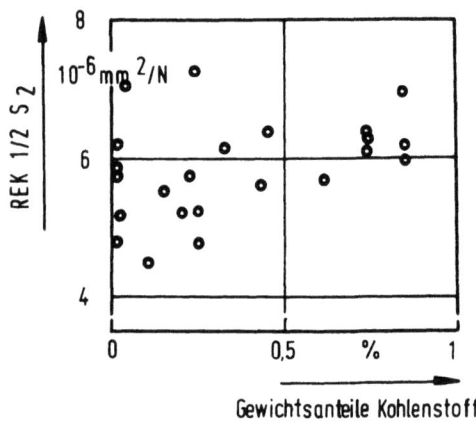

Bild 29: REK in Abhängigkeit vom Kohlenstoffgehalt für unlegierte Stähle (Literaturwerte verschiedener Autoren)

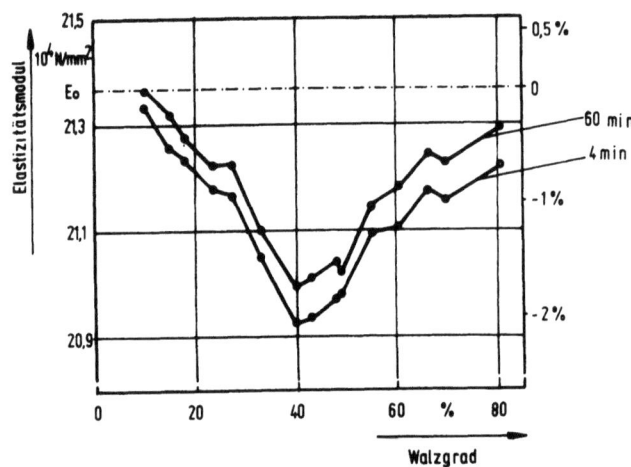

Bild 30: Abhängigkeit des Elastizitätsmoduls vom Walzgrad
(die Messungen erfolgten 34 bzw. 94 min nach der Verformung)

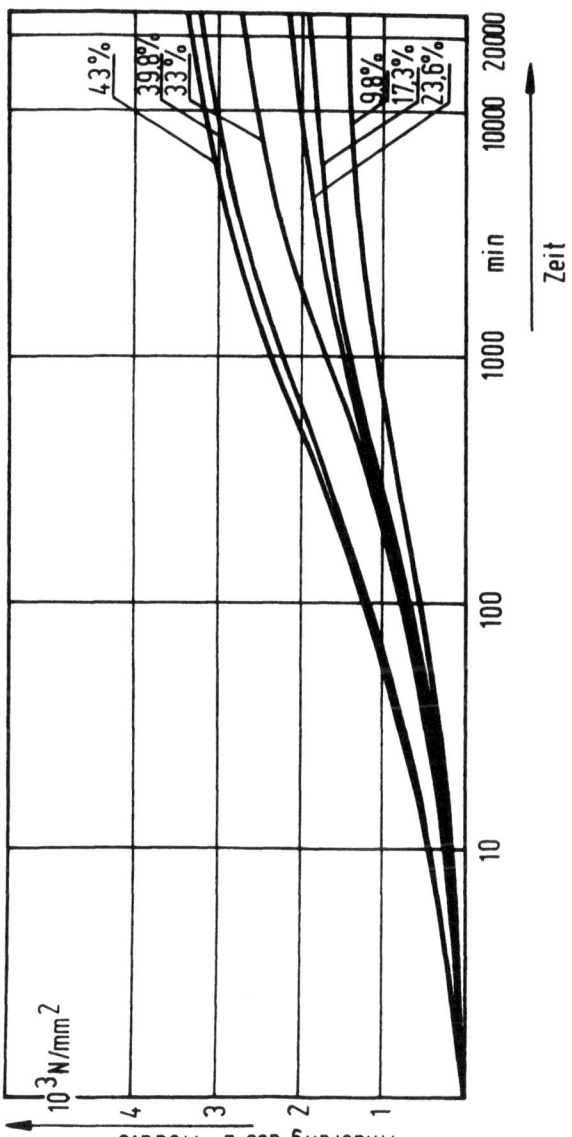

Bild 31: Einfluß der Lagerzeit und des Walzgrades auf die Rückbildung des Elastizitätsmoduls

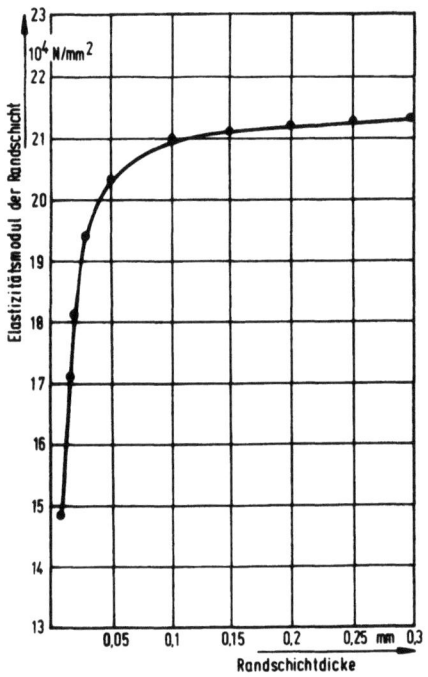

Bild 32:
Elastizitätsmodul der Randschicht als Funktion der angenommenen Schichtdicke

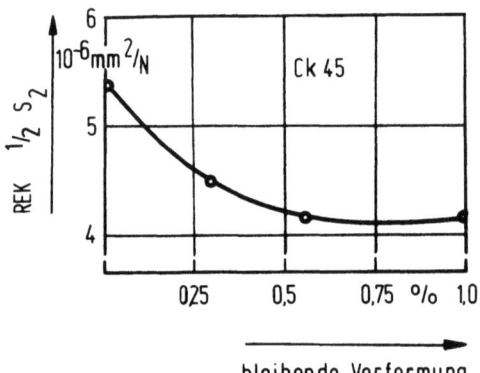

Bild 33:
Einfluß einer plastischen Verformung auf die REK 1/2 s_2 der (211)-Ebene des α-Fe

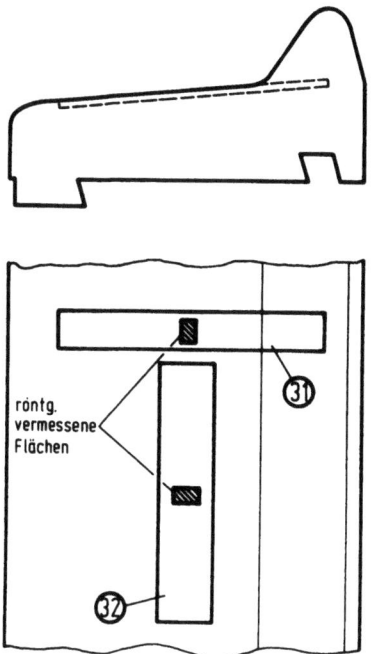

Bild 34:

Probenentnahme

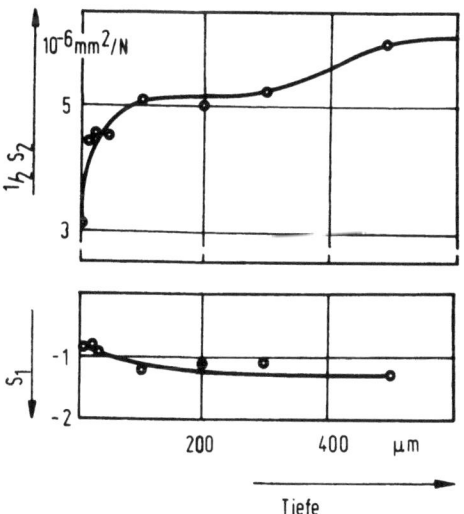

Bild 35:

REK der Radreifenoberfläche, Meßrichtung in Verformungsrichtung (211)-α-Fe

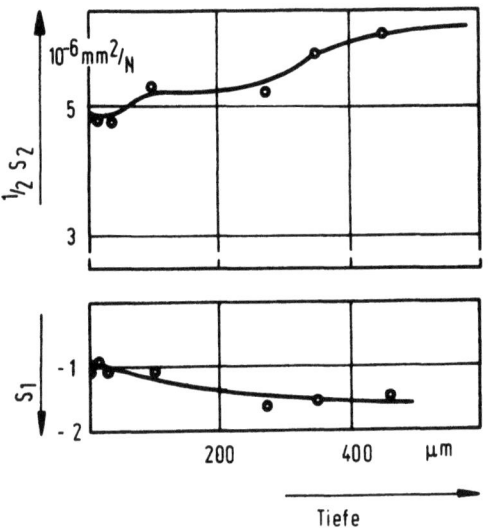

Bild 36:
REK der Radreifenoberfläche, Meßrichtung quer zur Verformungsrichtung (211)-α-Fe

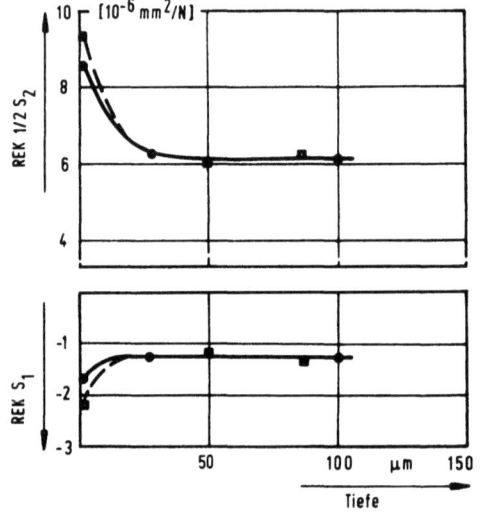

Bild 37:
REK der Radreifenoberfläche (310)-α-Fe

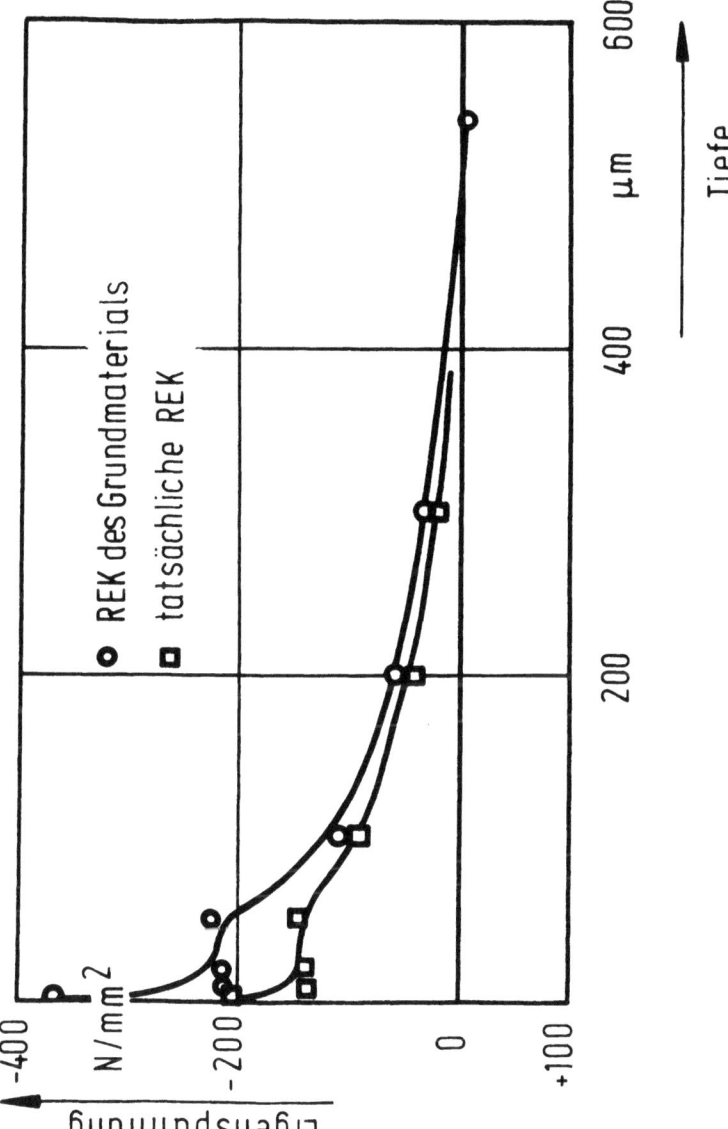

Bild 38: Vergleich der Eigenspannungsverläufe unter Berücksichtigung der Tiefenabhängigkeit der REK, Probe 32

FORSCHUNGSBERICHTE
des Landes Nordrhein-Westfalen

*Herausgegeben
im Auftrage des Ministerpräsidenten Heinz Kühn
vom Minister für Wissenschaft und Forschung Johannes Rau*

Die »Forschungsberichte des Landes Nordrhein-Westfalen« sind in zwölf Fachgruppen gegliedert:

Wirtschafts- und Sozialwissenschaften
Verkehr
Energie
Medizin/Biologie
Physik/Mathematik
Chemie
Elektrotechnik/Optik
Maschinenbau/Verfahrenstechnik
Hüttenwesen/Werkstoffkunde
Metallverarb. Industrie
Bau/Steine/Erden
Textilforschung

Die Neuerscheinungen in einer Fachgruppe können im Abonnement zum ermäßigten Serienpreis bezogen werden. Sie verpflichten sich durch das Abonnement einer Fachgruppe nicht zur Abnahme einer bestimmten Anzahl Neuerscheinungen, da Sie jeweils unter Einhaltung einer Frist von 4 Wochen kündigen können.

WESTDEUTSCHER VERLAG
5090 Leverkusen 3 · Postfach 300 620

MIX
Papier aus verantwortungsvollen Quellen
Paper from responsible sources
FSC® C105338

If you have any concerns about our products,
you can contact us on
ProductSafety@springernature.com

In case Publisher is established outside the EU,
the EU authorized representative is:
Springer Nature Customer Service Center GmbH
Europaplatz 3, 69115 Heidelberg, Germany

Printed by Libri Plureos GmbH
in Hamburg, Germany